U0250142

阅读日本
书 系

"窗"的思想史
－日本和欧洲的建筑表象论

『窓』の思想史
－日本とヨーロッパの建築表象論

浜本隆志\著　彭曦 顾长江 李心悦\译

笹川日中友好基金
The Sasakawa Japan-China Friendship Fund

南京大学出版社

图书在版编目（CIP）数据

"窗"的思想史——日本和欧洲的建筑表象论/（日）
浜本隆志著；彭曦，顾长江，李心悦译. —南京：
南京大学出版社，2013.10
（阅读日本书系）
ISBN 978 - 7 - 305 - 12209 - 5

Ⅰ.①窗⋯　Ⅱ.①浜⋯ ②彭⋯ ③顾⋯ ④李⋯　Ⅲ.
①窗-建筑设计-建筑史-对比研究-日本、欧洲　Ⅳ.
①TU228 - 091

中国版本图书馆 CIP 数据核字（2013）第 223011 号

"MADO" NO SHISOSHI
by HAMAMOTO Takashi
Copyright © 2011 HAMAMOTO Takashi
All rights reserved.
Originally published in Japan by CHIKUMASHOBO LTD.，Tokyo.
Chinese（in simplified character only）translation rights arranged with
CHIKUMASHOBO LTD.，Japan
Through THE SAKAI AGENCY and BARDON-CHINESE MEDIA AGENCY.

江苏省版权局著作权合同登记　图字：10 - 2012 - 462 号

出 版 者	南京大学出版社
社　　址	南京市汉口路 22 号　　　　邮 编　210093
网　　址	http://www.NjupCo.com
出 版 人	左 健
丛 书 名	阅读日本书系
书　　名	"窗"的思想史——日本和欧洲的建筑表象论
著　　者	[日] 浜本隆志
译　　者	彭曦　顾长江　李心悦
责任编辑	田 雁　　　　　　　编辑热线 025 - 83596027
照　　排	南京紫藤制版印务中心
印　　刷	南京爱德印刷有限公司
开　　本	787×1092　1/20　印张 10.5　字数 188 千
版　　次	2013 年 10 月第 1 版　2013 年 10 月第 1 次印刷
ISBN	978 - 7 - 305 - 12209 - 5
定　　价	32.00 元
发行热线	025 - 83594756
电子邮箱	Press@NjupCo.com
	Sales@NjupCo.com（市场部）

＊ 版权所有，侵权必究
＊ 凡购买南大版图书，如有印装质量问题，请与所购
　图书销售部门联系调换

阅读日本书系编辑委员会名单

委员长：

谢寿光　社会科学文献出版社社长

委　员：

潘振平　三联书店（北京）副总编辑

路英勇　人民文学出版社副总编辑

张凤珠　北京大学出版社副总编辑

谢　刚　新星出版社社长

章少红　世界知识出版社副总编辑

金鑫荣　南京大学出版社总编辑

事务局组成人员：

杨　群　社会科学文献出版社

胡　亮　社会科学文献出版社

梁艳玲　社会科学文献出版社

祝得斌　社会科学文献出版社

阅读日本书系选考委员会名单

姓名	单位	专业
高原　明生（委员长）	东京大学 教授	日中关系
苅部　直　（委员）	东京大学 教授	政治思想史
小西　砂千夫（委员）	关西学院大学 教授	财政学
上田　信　（委员）	立教大学 教授	环境史
田南　立也（委员）	日本财团 常务理事	国际交流、情报信息
王　中忱　（委员）	清华大学 教授	日本文化、思潮
白　智立　（委员）	北京大学政府管理学院 副教授	行政学
周　以量　（委员）	首都师范大学 副教授	比较文化论
于　铁军　（委员）	北京大学国际关系学院 副教授	国际政治、外交
田　雁　（委员）	南京大学中日文化研究中心 研究员	日本文化

前　言

　　倘若说现代是"窗的时代"，或许有人会感到诧异。但只要看一看高层建筑就会发现，现在建筑的窗户面积越来越大，有的新建大楼甚至整个外墙都是窗户。在东京、纽约、伦敦、法兰克福、香港、上海等大都市都能看到犹如"巨大玻璃盒"的建筑，这些大城市的航拍照片也都大同小异，要立刻分辨出来不是一件易事。最近，东京正在建设的新塔"空中之树"也备受关注。该塔目前的高度已经超过东京塔，据称建成之后①将高达 634 米，成为世界上最高的塔。塔是现代社会的象征，其建设与窗户文化密切相关。过去的限高措施被取消，世界各地都在进行高层化竞争。这种时代的波涛甚至波及了沙漠游牧民的生活地带，现在世界最高建筑是中东的迪拜塔（高 828 米），这一建筑是由支撑现代文明的石油资源造就出来的。

　　然而，体现在建筑中的这种垂直志向并非现代才有，《旧约圣经》中就有巴比塔的故事，那种志向在传说中以及历史上屡屡可见。特别是欧洲中世纪哥特式大教堂的形状体现了基督教徒敬仰上天神灵的愿望，那种愿望在基督徒的祈祷声中体现得淋漓尽致。从高耸入云的尖塔里的彩画玻璃射入的神秘之光，描绘在彩画玻璃上的圣经故事的世界以及上宏大的塔内空间，那些都让人们感受到神灵的存在。可以说，大教堂的设计在根本上是与欧洲的思想紧密相关的。

---

　　①　译者注："空中之树"已于 2012 年 2 月竣工。

在欧洲，王侯贵族们也继承了那种上升志向，热衷于建造用于防御的城堡和塔以及瞭望塔、宫殿等等。虽然上升志向在路易十四的凡尔赛宫中体现得不是很明显，但凡尔赛宫通过富丽堂皇的建筑以及开阔的人工庭院夸耀国王的权势。这种欧洲统治权力的视角后来被欧洲建筑所继承，第四届巴黎世博会（1889年）的象征埃菲尔铁塔就是一个典型，该塔展现了近代法兰西共和国的威望。

另外，德国的希特勒以及意大利的墨索里尼等法西斯主义者也建造了"神圣的巨大纪念碑"。希特勒的"世界首都"柏林计划以及墨索里尼的意大利建筑群都试图夸耀独裁者的超凡威信，那些建筑体现出了浓厚的法西斯主义膨胀扩张的思想。之后，垄断资本家也都喜欢建造大型建筑，以夸耀自己的财富。

总之，中世纪基督教的世界观、近代绝对主义时代王侯贵族的政治统治、法西斯的权利构造以及现代垄断资本对高层建筑的崇尚是一脉相承的。用玻璃、钢筋水泥建成的现代摩天大楼离不开空调、电梯这些技术的发展。林立的功能齐备的摩天大楼以及"窗户的增殖化"，这些都市风景也都是由欧洲文明及其继承者美国文明所带来的，而且那已经成为全球化现代文明的国际标准。

2001年9月11日，美国世界贸易大楼这一资本主义的象征遭到了飞机的恐怖袭击，人们通过视频看到大楼被夷为平地，玻璃以及建材四散，烈火熊熊燃烧，当时的情形至今历历在目。拥有"巨大窗户"的现代建筑成为憎恶的对象，引发了自爆的恐怖行为。其背后不单单有对美国的敌对意识，恐怖主义者也不只是为了攻击掌控世界经济的资本主义国家，事件中还包含了世界两极分化、基督教与伊斯兰教对立、贫富差距扩大等根深蒂固的问题。可以说，因为垂直上升志向而膨胀的都市空间在根本上深深地反映出了时代的思想。

由此可知，最新都市风光并不是一片光明，也存在阴暗面，例如：违背自然规律的人类生活、无止境的欲望、环境恶化、地震以及火灾给人们带来的威胁、恐怖主义袭击等等。也可以说，源于金融投资的"雷曼兄弟危机"与此问题在根本上是相通的。从以上事例可以看出，从"建筑空间"与"窗户"这两个关键词可以对现代文明的膨胀以及与之密不可分的"空中楼阁"等问题进行剖析。

不过，虽说"窗户"是反映现代摩天大楼上升志向及其全球化趋势的一面镜子，但在思考这一问题的变迁时有一个前提，那就是要追溯到欧洲窗户这一现代文明的起源以及建筑思想史的出发点，因为现代美国文明正是以欧洲的窗户史、建筑思想以及社会系统为基础，并基于大量生产大量消费这种资本主义的逻辑形成的大窗户的都市空间。

　　想来，日本的纸拉窗也是日式建筑的重要构成部分，与日本的风土有着密不可分的联系。例如，左右拉开的纸拉窗带来的是缺乏私密性的开放空间，那孕育了日本人的灵活思维以及家庭主义。另外，日本的平房也不像欧美建筑那样向上延伸，而是与大地紧密接触，重视水平方向，因为日本经常发生地震、台风这些自然灾害。

　　的确，现代日本的纸拉窗文化在欧美建筑的压倒性优势面前显得有些落伍。不过，即便窗户上装上了玻璃，纸拉窗左右水平开闭的方向也一直沿用至今，如同旧瓶装新酒那样创造出了一种绝妙的混合文化，这是日本文化的强韧之处。因此，将日本文化与欧洲文化进行对比，两者在结构上的差异就会凸现出来。

为了避税而涂上涂料的窗户（英国南安普顿）

本书以欧洲的垂直志向与日本的水平志向为坐标轴,从第一章至第九章对两者的文化特性进行了深入比较。在比较过程中,以欧式窗户和日式纸拉窗为重点,来凸现与日本以及欧洲思想紧密相关的文化特性,同时在书中会举出一些事例来提高读者的阅读兴趣。例如,统治者各有奇招,在 17 世纪的英国,有人认为窗户多的家庭生活富裕,因此 1697 年的法律就规定房屋的窗户超过 6 个要缴纳"窗税"。另外,窗户与性风俗业也密切相关,第六章就从欧洲的垂直性与日本的水平性的视点对性风俗进行了比较。第八、第九章则对欧美近现代垂直志向的发展与矛盾进行了阐述,这也是将本书定位为"思想史"的最大缘由。

"窗户"犹如变幻自在的怪兽,会不断改变面貌。本书的第十章对窗户在现代的变形进行了考察。世界博览会的展馆、现代资本主义社会的展橱等都是窗户的变形。通过玻璃展橱做商品广告,来刺激人们的欲望等。另外,现代文明迅速发展,汽车、列车、飞机这些交通工具也都有窗户。

进而,现代的"窗户"还进化为照相机、摄像机、银幕等媒体。另外,在全球化的现代,通过电视以及电脑画面可以实时获得各种各样的信息。在某种意义上,可以说那是另一种"世界之窗"。特别是因特网使每个用户都成为信息发布者,呈现水平化的特征。网络的出现在很大程度上改变了现代政治、经济、社会的构造。网络的这种特性与过去日本建筑的水平化志向是否有关联,在这个问题上或许还存在有意见分歧,但我最终想提出一个问题,即日本的水平化文化能否作为一个反命题与由欧美的垂直文明所带来的负面因素相对峙。

的确,至今为止有许多建筑家以及学者出版过许多关于"窗户"的技术性著作。但超越其专业领域,对"窗户"的思想史进行探讨的著作还没有听说过。"窗户"与思想之间的确还存在有一些隔阂、空白,研究成果甚少。以期填补这项空白的本书与以往的技术性著作有所不同,我相信能在本书中提出一些新的见解。

目　录

前言 /1

第一章　欧洲——传播型文化与垂直志向 /1

1. 窗户的开闭与欧洲的传播型文化 /1

2. 塔与基督教 /8

3. 哥特式大教堂的思想 /16

第二章　接受型文化与水平志向 /27

1. 日本的动作与接受型文化 /27

2. 日本房屋的水平志向 /30

3. 缩小化志向的日本文化 /36

第三章　永久性与一次性——窗玻璃与纸拉窗 /42

1. 欧洲的石材与玻璃文化 /42

2. 支配光线的欧洲人 /56

3. 纸拉门窗的透明性与一次性 /58

第四章　欧洲的封闭性与日本的开放性 /66

1. "走廊的发明"与独立房间的出现 /66

2. 钥匙与封闭的文化 /71

3. 日本住宅空间的开放性 /76

第五章　窗边的风景 /85

1. 欧洲的城市风景 /85

2. 绘画中的窗户 / 94

3. 日本的窗边风景 / 97

第六章　窗户的风俗史 / 103

1. 欧洲的窗户与性风俗 / 103

2. 欧洲的"橱窗女郎" / 110

3. 日本的妓院与私通 / 112

第七章　作为政治支配象征的建筑 / 118

1. 欧洲的等级制度与视觉化 / 118

2. 欧洲的专制君主与建筑 / 122

3. 法西斯建筑的思想 / 128

第八章　窗与充满欲望的资本主义 / 138

1. 钢铁与玻璃组成的资本主义 / 138

2. 世博会与展览馆 / 145

3. 由装饰性到功能性 / 151

第九章　从垂直志向转向水平志向 / 156

1. "资本的逻辑"和"9.11"恐怖袭击事件 / 156

2. 摆脱美国一专独大主义 / 162

3. 共生和水平志向的范式 / 164

第十章　窗的变形 / 171

1. 加速化和流线型化 / 171

2. 窗的变形 / 180

3. 电影媒体和窗 / 183

后记 / 190

参考文献 / 193

译者后记 / 200

「窗」的思想史

第一章　欧洲——传播型文化与垂直志向

1　窗户的开闭与欧洲的传播型文化

防御与生活文化

人们为了过得舒适,想出了可以开闭的窗户。窗户可以通气、采光、遮风避雨,它是居住者与外界以及自然进行沟通的渠道。

然而,除了建筑专家,一般不会有人去关注窗户的开闭方向。但仔细观察就会发现,窗户的开闭方向中渗透了许多生活的智慧,或者说思想性。

例如,进入欧洲老式玄关时要握住把手往里推;相反,出来时把门往里面拉。笔者曾经对欧洲的门的开闭方向进行过调查,发现德国等国家的玄关门基本上是往里开,这一点从朋友那里也得到了证实。

在日本,由于玄关狭窄,再加上日本人有进屋换鞋的习惯,所以门不适合往里开,这很好理解。但问题是欧洲的玄关门为什么要往里开呢?

窗户的动作原理也与此相同。首先请看一下次页的图片。在正常情况下,人不会从窗户出入,窗户往里开便于防盗。在屋里开窗时,要往里面拉(当然也有一些向外推的窗户)。以前有些窗户外面还装有防盗窗,现在则是卷帘,这样就设置了两道防线。在欧洲,这种开闭方向不仅见于玄关门以及窗户,房间里的门也是如此。

听建筑家说,往里开的门防盗效果非常好。当有盗贼入侵时,

向内开的窗户（德国雷根斯堡，笔者摄）

只要在门窗内侧用东西卡住，盗贼就很难进入。在中世纪欧洲大陆几乎所有的都市都非常重视防卫，筑有圆形的城墙。这种重视安全的想法与门窗构造显然有着紧密的关联。

不过，出于防卫上的考虑，会尽量少在城堡上开设门窗，而门窗的开闭方向以及构造大致相同。过去，欧洲城堡都有护城河环绕，要先过吊桥才能靠近城门。如意大利费拉拉城堡的门就是向里开的，因为那样便于防守。

安装了防盗网的窗户（意大利维罗纳，笔者摄）

欧洲人之所以如此重视防卫,是因为位于欧亚大陆西侧的欧洲各国陆地相连,多民族交杂居住的缘故。实际上在古代,凯特尔人、日耳曼(哥特)人、罗马人以及其他民族之间的争斗一直没有停止过。到了中世纪,由于亚洲的匈奴人、土耳其人的入侵,反复展开了严酷的战争与屠杀。此外,欧洲内部王侯之间的战乱也屡屡发生。

另外,关于犹太人企图叛乱、吉普赛人实施盗窃等谣言也曾流传一时,人们担心有那么一天会遭到外敌或强盗的袭击,因此不得不重视防卫。即便在欧洲的基督教地区,也存在与"异端"以及"女巫"的斗争;加上还有因为天主教与耶稣教的对立而发动的宗教战争,可以说欧洲经历了颠沛流离、水深火热的历史。

在那样的状况下,居住安全当然成了至关重要的问题。可以说,从中世纪起欧洲的门窗往里开,就成为一种必然的结果。除此以外,出入口还有铁将军把守。而岛国的日本有大海这样的天然屏障,即使不太关注防卫也能过得比较安宁。由此可知欧洲存在着"钥匙文化""防卫文化"得以发展的地理条件。

推的文化与欧洲的扩张性

本书旨在考察窗的思想史,因为欧洲文化是窗的思想前提,因此就需要对欧洲文化的本质进行探讨。首先,由外往里的动作方向在欧洲并非只见于房屋的门窗,在日常生活中使用工具时也是如此。例如,德国有不少"乡土博物馆"里都陈列有刨子、锯子等木工用具。仔细观察就会发现,使用刨子、锯子时都是往前推,就连使用拖把时也是如此。这与在前文中介绍过的开门方向相同。

还有,欧洲人在用餐时用叉子叉,用刀子切;剑主要不是用来砍,而是用来刺,因此前面很尖锐。事实上,击剑时主要是向前刺对方。我曾问过德国人为什么使用工具时要往前推,得到的回答是那样好用力,工作效率高。仔细观察就会发现,人们都是站着使用那些工具。

的确,"推"的时候比较好用力,但问题并不停留在这样的层面。我认为,从散见于日常工具以及建筑中的"推的文化"当中,可以梳理出欧洲人思想之一端。因为"推的文化"体现的是"进入"的

德国的刨子，刨的时候握住左边突起的部分往前推（笔者摄）

中世纪的锯子，锯的时候握住把手向下推
（Bindung, *Baubetrieb im mittelalter*.）

运动方向,那种文化成为欧洲人的扩张性思想。基督教作为一神教不断向外部传播,是一种典型的扩张性宗教,这一点必须引起我们的关注。也即动态的"扩张性文化"体现了欧洲人的本质。

在此,让我们来看一看"扩张性文化"的具体事例。可以说,基督教和自然科学是欧洲文明的根本。关于自然科学的问题将在后文中论述,这里先来说基督教。

基督教作为一神教的父权宗教,其特征是派遣传教士四处传教,因为他们都有一种信念,认为扩大神的世界是基督徒的使命。

神在世上是唯一的,这是一神教宗教观的根本之所在。当然,不仅基督教,伊斯兰教也是如此。基督教传教士在传教时对殉教毫不畏惧,不惜为传教而牺牲生命。这种扩张性基督教首先传遍整个欧洲,建立起了中世纪的神国。

因为圣地耶路撒冷被伊斯兰教徒"占领"了,为了夺回圣地,罗马教皇从11世纪至13世纪之间曾7次派遣十字军东征。十字军的东征最终以失败而告终,但由于基督教进入伊斯兰教的世界,致使宗教矛盾激化,那成为延续至今的对立构图的根源。

15世纪后半期,欧洲开始进入大航海时代。尽管大航海的目的是为了到世界各地寻求财富,但当时打着的却是派传教士到世界各地传教这样的旗号。有人因此主张欧洲人在世界各地传播基督教,给未开化之地带去了文明的曙光。但实际上西班牙人的目的不在于传教,而是动用军队摧毁印加以及阿兹特克的文明,他们掠夺了大量的金银财物。

此后,葡萄牙、荷兰、英国、法国等国家也追随西班牙,在世界各地展开了殖民地争夺战。同样,从欧洲移民美洲的白人在开拓西部时驱赶屠杀原住民,掠夺他们的土地,这是历史的事实。不过,欧洲的这种扩张行为尽管包含有负面因素,但那成为现代文明的动力,并将新大陆欧化了,对于这一点必须加以确认。

另外,拿破仑称霸欧洲以及希特勒企图建立第三帝国,那也是体现大陆文化扩张志向的典型事例,尽管那与宗教没有直接关系。他们像是受到了某种意识的驱使,掠夺他国领土,最终成为自己的掘墓人。可以说,那就是欧洲文化的特性。下面就让我们来看一下旋转文化与自然科学这一欧洲文明的特征。

旋转文化产生的能量

门窗的"推的文化"常常与旋转这一动作联系在一起。篠田知和基在《欧式——螺旋的文化史》中曾对窗玻璃和旋转文化进行了探讨。图中的窗户是靠旋转动作来开闭的。最近,就连百叶窗也都如此。

欧式窗户的开闭方式

另外,由于滚筒的出现,窗户玻璃的生产能力大为提高。虽然玻璃的生产技术很早就传到了日本,但由于日本人一开始没有掌握滚筒技术,直到明治初期日本都无法生产窗户玻璃。

玄关门的把手以及门锁都需要靠旋转动作来开闭。在欧洲,用得最多的是瓦尔德锁和圆筒锁,那些锁要旋转着打开。在北欧,大型建筑都还会设置转门,据说那种构造便于冬天保温。而在日常生活中,就像开闭盖子以及研磨胡椒、岩盐时也都是通过旋转来进行。

在此,必须对欧洲旋转文化的形成背景进行探讨。首先,可以想到的一点是欧洲属于面粉文化圈。为了制作面包、面条这些主食,必须将谷物磨成粉,为此需要耗费大量的人力物力。

在面粉文化圈,古时候磨面粉的工作主要由女性和奴隶承当,后来使用牛马推磨。到了中世纪,人们开始将水车和风车用作推磨的动力。在内陆的山区,由于水的落差比较大,多使用水车;而在大西洋沿岸的荷兰、比利时以及德国西部,刮西风的时候比较多,风车也就比较常见。从这个意义上来说,欧洲文化是"旋转文化"。

那么,"推的文化""旋转文化"与欧洲文明又有什么关系呢?扩张需要能量,这一点不言自明。我们可以将"旋转文化"理解为扩张文化的动力。旋转运动首先让人联想到漩涡,海流会打旋,强烈的空气漩涡有时变成龙卷风或台风。欧洲文明的源流凯尔特人的图腾是漩涡,这一点广为人知。凯尔特人从漩涡中发现了力量的源泉,将其作为象征并神圣化。

带来面食文化的旋转技术后来被运用到动力方面。众所周知,瓦特改良了蒸汽机,而蒸汽机使资本主义获得了迅速发展。蒸汽机就是将活塞的往返运动转换为旋转运动,后来出现的汽油发动机的动力原理也与此相同,只是构造和燃料不同而已。

螺旋桨的原理在文艺复兴时期就已经被人们弄清楚了,特别是达芬奇构想的直升机非常有名。后来出现的电动机、涡轮式喷气机也是螺旋桨文化的产物,尽管其原理不同于汽油发动机。德国人海因克尔发明的转缸式发动机也是通过螺旋桨旋转来产生动力。

这些旋转装置离不开螺丝和气缸技术的发展。如果没有精密的气缸技术,就无法产生活塞运动,而螺丝则靠旋转来固定零部件。关于螺丝,流传着一个有名的故事。1543 年(天文十二年),火枪从葡萄牙传入日本,但在日本无法生产,因为当时日本还生产不出螺丝,因而无法将枪身固定在枪座上。据说当时火枪工匠因此开始偷学螺丝的制造技术。

不仅螺丝,像船舶、汽车、电车这些现代日本擅长的技术都是从欧美学来的。日本将欧美扩张文化的动力技术为我所用,在有些方面甚至超过了欧美。也可以说,这是日本接受外来文化时的一个特征。

旋转文化不只是机械技术,也可用于坦克、军舰、军用飞机这些政治性、战略性武器的制造。那已成为欧美资本主义、殖民主义的动力。因此,日常生活中门窗的旋转方向不只是生活方面的问题,而且还是关系到欧美文明之根本的重大问题。旋转能量的技术固然为人类做出了巨大贡献,不过那犹如一把双刃剑,因为它也被用作杀人的工具。因此,与窗户相关的旋转技术既有推进欧洲文明的光明的一面,同时在结果上也有其阴暗的一面。

2 塔与基督教

世界树与树木信仰

欧洲的垂直与水平延伸的坐标轴与自古以来人们信仰的"世界树"的概念紧密相关。以高大的树木为轴心,顶部直冲云霄,根部深深扎入大地,这便是世界树的形象。埃利亚代更是将世界树称为"宇宙中心的象征"。

欧洲古代的泛神论宇宙观源于对繁茂的参天大树的崇拜,其中与日耳曼树木信仰密切相关的有北欧神话中的世界树。从图中可以看出,以树木为媒介,天空与地面、地下连接在一起。

世界树

在那里,树枝在天空伸展,树根深深扎入大地,吸收养分并使之循环。另外,地下有黄泉之国,那由树干支撑着。这样形成的宇宙观带来了巨树信仰,而那种信仰又与建筑中的支柱崇拜有关。

古代日耳曼的树木信仰现在依然可见,各地保存有大树。在地中海地区,由于夏季干燥,黎巴嫩杉等树木生长缓慢,所以大树一旦砍掉就不容易再现。因此,神殿以及教会的支柱都是用丰富的石材来代替。希腊神殿建筑中圆形石柱的风格就是在这样的背景下形成的。之后,在基督教的建筑中整根石柱减少,逐渐采取将石块堆砌起来的方式,因为那样比较便于施工。

在基督教中,树木是"创世纪"乐园中"智慧之树"的象征。不过,智慧之树与蛇诱惑夏娃直接相关,是一个负面形象。后来,树木信仰逐渐演变为对十字架的崇拜。据说是圣波里伐丢斯(675～754年)看到民众所信仰的大树,用它制作了十字架。这个故事的意境是将异端的树木转化为具有基督教价值的东西。就这样,十字架成为了基督教的象征,教会的石柱则被比拟成信徒,始终处于次要地位。

巴比塔

《旧约圣经》中巴比塔的故事如实地讲述了欧洲建筑中的上升志向的原型。"创世纪"第十一章对这一过程进行了叙述,我简单地来介绍一下。

因为方舟而得救的诺亚的子孙们离散后居住在不同国度,但他们使用的是同一种语言。到了第三代,他们为了博得名声,开始用砖头和柏油建造高耸入云的塔。而在那之前,他们只是用石头和石灰建造。因为建塔违背了神的意志,神便将他们原本相同的语言分化为很多种,使他们彼此之间难以顺利地沟通思想。塔的建设因此中断,他们从此失去了共同的语言,分散在世界各地。

神之所以阻止人类建塔,是担心人类为了博得名声而团结起来。为了惩戒亵渎神灵权威的傲慢的人类,让他们的语言各不相同,彼此之间难以沟通。结果是,迁移到不同地方的人类他们形成了多样化的语言。我觉得这个故事暗示了人类的发展过程。据说现在的人类起源于非洲,之后从那里迁徙到世界各地。

另外,巴比塔的建造方法也不同以往,使用的是砖头和柏油。关于这一点,可以解释为人类的智慧带来了新技术,但那未必是一件好事。随着技术的进步，人类觉得自己没有做不到的事情，并因此傲慢起来，无视神的教诲。

M.R.亚历山大认为巴比塔是3千年前的古代巴比伦尼亚实际建造过的塔。据说塔的形状与梯形的乌鲁克塔类似，是神殿风格的建筑。亚历山大指出："那些神殿塔全都是用砖头加天然沥青灰浆砌起来的，越到上面面积越小，各层都有阳台。4到7层的神殿塔比较常见，一般都有3处露天阶梯，或者像后期亚述巴比伦尼亚时代那样，在外面设置螺旋阶梯。"

神殿塔中出现的螺旋阶梯成为欧洲高层建筑的原型。也就是说，试图通过上述旋转的推动力抵达上天。对于"窗"这一本书的主题，在那个时代，人们只看重它的开放功能。因为外面的光线可以从窗户射入室内，人们可以透过窗户看到外面的世界。

荷兰画家老勃鲁盖尔在1563年画过一幅题为《巴比塔》的画作。在该画作中，巴比塔没有竣工，与《圣经》中的描述相同。也正如古代传说所描述的那样，塔呈梯形，中央的塔尖没入云端，工匠们看上去很小，以衬托塔的高大。塔上面有窗户，那是以大教堂为原型画出来的。

《巴比塔》(老勃鲁盖尔作，收藏于维也纳美术史美术馆)

老勃鲁盖尔这幅画作的创作意图究竟何在呢？虽然题材取自《旧约圣经》，但不妨认为该画作是以16世纪安特卫普的社会现象为主题。在被描绘得栩栩如生的人物中,有身穿外套的不可一世的大王,他居高临下俯视耷拉着脑袋的工头模样的人。画面的视线与大王居高临下俯视到的情景一致。那显然是向傲慢的有权有势者敲响警钟,表明贪得无厌的人类最终将遭到神的惩戒。我们不妨这样来理解。

希腊的万神殿

16 世纪是从宗教走向近代科学的时代,当时人类力量的增大与建造巴比塔时有点相似。总之,画家通过巴比塔的故事,表明崇尚垂直志向是有危险的。同时也告诫人们,技术的进步伴随着阴暗面。

从古希腊到古罗马

正如亚历山大在《塔的思想》中指出过的那样,古希腊没有特别醒目的塔。首先,希腊的神殿建在山上,现存的多里亚(Doria)式、爱奥尼亚(Ionia)式成排的柱子广为人知,但那些都不是塔。当时人们的利用自然高地,但人工建筑物没有凌驾于自然之上。那种情形与古希腊人类中心主义以及多神教紧密相关。

古代地中海文化并不崇拜绝对的神,将权威象征化的倾向也不明显,这一点与一神教有所不同。虽说古希腊文明的原点是拥有超凡能力的神以及英雄,但那始终是以人为原型,因而重视艺术的和谐。理想的人类拥有和谐的姿态及精神,因此古希腊人认为不应该失去平衡。他们以自然为榜样,因此不喜欢将建筑人为地改变形状,使之巨大化。而当时神殿圆柱之间的开放部分相当于建筑的窗户,一般民居的窗户则设在内庭,呈长方形。

古罗马吸收了古希腊的文明,在整个地中海地区建成了一大帝国。它与古希腊一样,大量建造了注重协调的艺术作品。因此,古罗马在建国时,与古希腊一样也没有建设巨大的塔。但是,在基督教传入古罗马之后,逐渐出现了建筑物的上升志向,并开始建塔。这表明基督教作为一神教,其绝对化与塔的建设紧密相关。

不过,古罗马纪念碑是太阳信仰之一种,它或许受到了古代埃及的影响。古罗马曾经攻占过埃及,并将埃及文化带到意大利半岛。那些纪念碑在中世纪有不少都已经消失了,不过到近代又重建了一些。在欧洲,方尖纪念碑建筑保留最多的是意大利。

古希腊的万神殿始建于公元前 25 年,后来皇帝哈德良(117～138 年在位)又进行了重建。那里有圣堂,正中央设有直径 9 米的天窗。顺便提一下,这座圣堂在建造时就运用了罗马的水泥生产技术。

在当时的大型宗教建筑中,光线从天窗射入,照耀着金黄色的神像。万神殿从天窗取用自然光这种想法源自对太阳的信仰。像这样,古代人总是将光与神联系在一起。《旧约圣经》"创世纪"就

维罗纳竞技场(笔者摄)

是以"要有光"开头的。那表明,即使在基督教中,光也是最为重要的世界根源。在这一点上,窗户、建筑、宗教彼此紧密相连。

此外,当时一般的大型建筑在借助窗户采光时,窗户的形状不是长方形,而是拱形。像上页的照片中那样,维罗纳竞技场以及古罗马斗兽场都采取了这种形式,曲线十分优雅。受此影响,后来拱形就成为欧洲窗户的基本形状。例如,德国亚琛的古罗马时代的遗址黑门(180 年)的窗户便是如此。

教堂与天井

古罗马在 313 年公开承认了基督教(米兰敕令),自那以后,就开始崇尚在前文中提及过的巨大建筑,并形成不同于古希腊神殿的建筑风格。罗马初期的基督教教堂不建塔,而是在中央设置圆形窗来集中采光,或者把教堂建成长方形。那让人联想到伊斯兰清真寺,从中可以看出两者相互渗透的痕迹,估计圆形窗是起源于游牧民的帐篷。

例如,4 世纪的圣君士坦丁灵堂呈圆形,让人联想到天幕,那是古代基督教的出发点。在人们看来,天幕是连接上天的通道。不过,由于自然光线是从拱形天窗中射进来,教堂里比较昏暗。那种空间本身就是用于祈祷的小宇宙。基督教徒一开始并不要求祈祷的空间太过明亮,那是因为他们受到墓室文化传统的影响。

梵蒂冈的圣彼得罗大教堂是与罗马的万神殿类似的建筑。该教堂始建于 4 世纪末,16 世纪以后又进行了重建,因为建造在圣彼得罗殉教之地而享有盛誉。高达 29 米的屋顶覆盖着圣彼得罗之墓,屋顶上还画有壮丽的壁画,让人们为之震撼。那里最引人关注的是由贝里尼旋转形支柱所支撑的华盖。从屋顶窗户射入的光线使室内光线的强弱每时每刻都在发生变化,营造出一种庄严且华丽的基督教世界的氛围,让人强烈地意识到基督教是光的宗教。

罗马式教堂形成于 10 世纪前后,在 11~12 世纪雨后春笋般出现。不过,其装饰很简朴,隐形拱窗给人留下很深的印象。罗马式教堂由于支柱承载着建筑物的负荷,墙壁比较厚,在结构上不可能将门窗开得太大。因此,窗户多为圆形,或者上面为半圆形,下面为长方形。意大利式教堂的窗户同样主要是圆形,或者是罗马式的半圆形。

圣彼得罗大教堂的窗户与屋顶壁画

贝里尼旋转形支柱支撑着华盖

由于当时造不出一整块玻璃,教堂的窗户便使用铅框来固定圆形的厚玻璃。从半透明玻璃射入的光线有些朦胧,再加上窗户的数量比较少,教堂内部一般都显得比较昏暗。因此,教堂内的宗教画及雕刻的视觉效果不能充分地发挥出来。可以说,这是罗马式教会的不足之处。不过,反过来说,昏暗的光线也使教堂显得更加神秘。

　　像这样,即便是在教堂里也可以看出对天上神灵世界的追求,那种追求在屋顶壁画中得到了体现。虽然是文艺复兴时代之后的作品,但画家们在垂直轴上描绘了基督以及圣母玛利亚。基督在十字架上受难,灵魂"升天",圣母玛利亚死后也是如此。认为上有天堂,下有地狱,描绘出上下垂直关系明确的世界,这便是基督教的根本。

　　基督教对上天的追求后来演变成为对高大建筑的追求,进而那种精神又化作为天使,在神灵世界翱翔。教堂里从画像到装饰,到处充满浓厚的基督教色彩。牧师们不仅通过说教,同时还通过视觉形象来显示宗教的权威以及神的威严,让不识字的人也能感

《基督升天》(伦勃朗作)

《圣母玛利亚被升天》（鲁本斯作）

受到。教堂内一般都这样来布置：基督以及圣母玛利亚的画像被设置在东侧较高的位置，牧师也是在较高的祭坛上说教；教堂里的风琴声从礼拜者头上传来，犹如天籁之音；合唱者也站在高处，他们的歌声在教堂里回响。构成欧洲精神的基督教就这样不断追求上天，哥特式大教堂便是那种追求的最佳体现。

3 哥特式大教堂的思想

哥特式建筑的上升志向

　　哥特式教堂12世纪在法国出现，日耳曼尖塔是哥特式教堂的一大特征，不过法国哥特式教堂也有圆形的，而圆形则是意大利（拉丁）的特征。哥特式教堂崇尚上天，对于这种建筑来说，内部采光至关重要。技术高超的石匠们使用拱形飞梁来支撑石材的重量，成功建造出高大明亮的教堂。大教堂的建筑资金一般由国王支付，有时也靠牧师或者同业行会的捐款，但大型工程往往因为资金不足而中断，有时候工期会拖延很长时间。可以说大教堂是中世纪社会的一大工程,建筑给中世纪带来了活力。

哥特式教堂不仅使用飞梁技术建造出高大建筑,而且还把门窗开得很大,在窗户上安装彩画玻璃用于采光,营造出了鲜艳、充满幻想色彩的《圣经》世界。

欧洲代表性的大教堂有:法国的巴黎圣母院(尖塔,83 米)、沙特大教堂(115 米)、兰斯大教堂(81 米),德国的科隆大教堂(157米)、乌尔姆大教堂(161 米)、弗赖堡大教堂(116 米),英国的坎特伯雷大教堂(110 米)、威斯敏斯特大教堂(90 米),其中乌尔姆大教堂的塔保持着世界最高纪录。

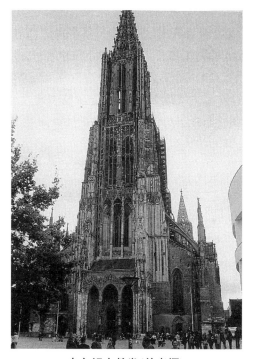

乌尔姆大教堂(笔者摄)

巴黎圣母院的西塔并不尖。不过,哥特式教堂一般都会在西侧配置两座尖塔。另外,教堂的门以及彩画玻璃则呈类似三角形的形状。那让人感觉追求神灵所居住的上天的强大能量,同时那又是显示永远性的造型。

而且,在哥特式教堂中,还会画上许多奇特的恶魔以及鬼怪,那些在基督教的世界里都是负面的存在,这些反基督教的或者说异端的特性在与神的对照中凸现出来。鬼怪与圣人、恶魔与基督、撒旦与天使这些两项对立的事例显示了基督教世界的特征。

罗马天主教虽然标榜父权的基督教世界,但对于民众依恋森林、憧憬神秘性、信仰女神这些行为又不得不采取宽容的态度。特别是哥特式教堂中林立的支柱让人联想到茂密的森林。民众在教堂中感受森林,向神祈祷,那也可以理解为森林信仰的复活。

具体来说,哥特式教堂的窗户与大教堂的外观一样,顶部呈尖锐的形状。不过,也有圆形的三叶型、四叶型,那与垂直志向形成对照。在乌尔姆大教堂的哥特式窗户中,也可以看到上部有圆形造型,那让人联想到蔷薇窗,而蔷薇窗正是南方哥特式建筑的特征。关于有别于垂直型的蔷薇窗,将在下文中进行论述。

在哥特时代之后,欧洲建筑的上升志向暂且告一段落,直到19世纪后半期的资本主义发展之后才重新获得新生,埃菲尔铁塔(1889年)便是一个典型的例子。20世纪的高层建筑则是那个时代的延续。

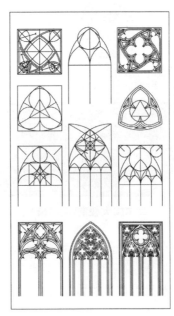

哥特式窗户的种类

乌尔姆大教堂的哥特式窗户（笔者摄）

高迪之梦——圣家族大教堂

到了近代，由于基督教的衰退，出现了去宗教化的现象。与此相关，建筑中的宗教性、神圣性减弱，无机建筑便成为主流。在此，有必要提及与这种时代风潮相抗衡的建筑家安东尼奥·高迪（1852～1926年）。他出生于加泰罗尼亚，是西班牙的代表性建筑家。他一生中留下了许多独特的前卫性建筑作品，对现代大教堂的建设产生了很大的影响。

尤其是其代表作圣家族大教堂现在依然在施工，该教堂弥漫着强烈的宗教性，因为它的设计者高迪是一个虔诚的天主教徒。这座大教堂原本由建筑师弗朗西斯科·德比里亚设计，于1882年开始动工，但德比里亚因为对建筑方针不满而中途离去。高迪在第二年接手了该工作，并将毕生精力倾注其中。据称，大教堂采取新艺术风格，在整体上再现了森林的形象，与20世纪的艺术潮流也密切相关。但圣家族大教堂一般被认为是带有现代色彩的新哥特式建筑。

施工方原本是"圣徒约瑟夫崇敬会"。该组织以及巴塞罗那市都希望在高迪去世100周年的2026年竣工，但因为资金紧张，计划能否实现尚不明确。不过，西班牙政府也在支持该项目，竣工并非完全没有希望。不论在哪个时代，欧洲大教堂的建筑都会遇到这种情况。从这个事例也可以看出欧洲有些建筑的施工时间跨度相当长。

大教堂东侧再现了基督诞生的场面，所设计的 18 座塔已经完成了 8 座；西侧描绘了基督遇难的场景，已竣工的部分被认定为世界遗产。现在，那里成为巴塞罗那最著名的观光景点。圣家族大教堂体现的是基督教的思想，其中最高的尖塔将高达 678 米。

日本建筑家外尾悦男先生崇拜高迪，自己主动承担了圣家族大教堂的建筑工作，他曾经这样来描述已经竣工的诞生之门：

> 当看到高高耸立的不稳定的物体时，人们会产生畏惧甚至恐惧心理。但圣家族大教堂绝不会给人留下那样的印象。我想，大多数人看了之后，都会产生一种奇妙的稳定感、上升感。特别是在细心的人看来，这座教堂很好地表现了"天国吸引"的状况。看上去就像是无数石块堆积起来，被上天吸引起来一样自然向上延伸。
>
> ——《高迪的遗言》

从外尾先生的描述也可以看出，圣家族大教堂的基督教世界观与上升志向自然而然地融为一体。扭曲的尖塔这种独特造型是这座建筑的特征，那正是在前文中论述过的旋转的思想，而那种思想又具有强力推进上升运动的效果。不仅如此，即使是从造型美来看，扭曲也强烈地体现了新哥特式建筑的现代性，具有压倒性的存在感。

另外，因为是以哥特式为基础，所以设置了蔷薇窗、三叶图案窗，窗户上还装了彩画玻璃。不过，在整体上显得圆润，给人以柔和的印象。高迪在改建高级公寓时，也曾在窗户以及阳台使用过曲线以及椭圆形状，将他的内心世界巧妙地形象化了。高迪的设计中没有中世纪那种锐角直线的方向性，而是基于一种独特的自然柔和的质朴感，这与后一个时代的加泰罗尼亚的世界有相同之处。或许可以说他的作品融合了南欧的阳光、色彩感、宗教心以及艺术性。

圣家族大教堂

高迪以富于创意著称,塔顶的花蕾就是一个非常独特的造型。他在含苞欲放的花蕾中寄托了尽量向天界靠近的愿望。大教堂虽然是以欧洲的哥特式建筑为基础,但继承了巴洛克建筑的传统,并将之改变成现代风格。总而言之,大教堂通过垂直志向、教堂内树木的支柱、椭圆形、曲线构造以及许多由来于基督教的艺术雕像,试图重新建构天主教的世界。但是,塔的形状与北方的哥特式建筑的锐角有所不同,给人一种温暖的感觉。在这一点上,窗户的情形也是一样。

高迪不幸死于车祸,他的遗体被安葬在大教堂。他希望通过建造这种教堂回归到中世纪的手工作业,以对抗 19～20 世纪急速发展的机械文明以及现代合理主义的时代潮流。与此同时,大教堂也继承了中世纪垂直志向的传统。

欧洲的钟楼

古罗马时代的钟楼用来传递敌情,欧洲中世纪前后的小钟用来驱除恶魔。但是,基督教化以后,11～12 世纪的欧洲开始在教堂、市政厅、市门、修道院等地方设置大钟,用于宗教礼拜、市民生活中的报时以及敌人入侵或发生火灾时的警报。直到近世,欧洲各国在市内进行公审处刑时也会敲钟。因此,钟被视为一种统治的象征,由教会、统治者或者市议会掌管。宗教改革就是围绕天主教、新教以及世俗这三种势力的支配权而展开的。

近几年，在欧洲有人认为钟声太吵闹，甚至还有人因此提起了诉讼。那主要是因为年轻人中出现了去基督教的倾向，有些好静的人不想听到教堂的钟声。

在欧洲任何一个都市都有高耸的塔，远远就能看到。那些塔成为各个城镇的象征。从尖塔传来的钟声就像是在传递上天神灵的声音，响彻四面八方。钟声从钟楼的开口部分传出，因此可以说开口部分与窗户的文化有间接的关系。

维罗纳的钟楼（笔者摄）　　　　锡耶纳大教堂的钟楼

特别是意大利中部的锡耶纳、面临亚得里亚海的彭波萨以及古都拉文纳那些地方的钟楼，一层的窗户比较小，越往上窗户开得越大。从图片中可以看出，锡耶纳的最上面一层有 6 扇窗户，拉文纳的也有 3 扇。从造型的角度来看，视线集中在窗户上，会在整体上给建筑带来动感。而且，这种方式还可以减轻塔上部的重量，并且还有防御上的考虑。因为虽说钟楼是基督教的宗教设施，但发生战斗时如果被敌人占领的话，会非常被动。

拉文纳教会的钟楼（笔者摄）

另外，在中世纪钟表还没有普及到一般家庭，一天用钟报时八次,那是生活中不可或缺的事情。市民以及近郊的农民根据报时来安排作息或做礼拜。在基督教拥有权威的时代,钟声也就是统治宇宙的神的声音。

钟由同业行会的工匠铸造。在中世纪,掌握技术的工匠走遍了各个城镇,技术也因此得到普及。在钟的表面一般都铸有在十字架上受难的基督、圣母玛利亚以及众圣人的像,包含浓厚的宗教意义。钟的制作耗资巨大,大多由富人以及一般民众捐款铸造。

如图所示,钟里有叶片。往下拉绳子时,由于杠杆原理的作用,钟就会旋转半圈,反作用使得叶片与钟相撞,发出声音。而且,拉绳子是上下运动,动作的方向与钟楼的垂直方向一致。在日本,是横着撞钟。这两者形成了鲜明的对照,很有意思。

科隆大教堂里的钟(Kramer,*Die Glocke. Eine Kulturgeschichte.*)

欧洲一些钟楼里的钟不止一个,有的也是用机械让钟旋转。从这里也可以看出前文论述过的拉的动作以及旋转运动这些欧洲文化的特征。另外,在欧洲的钟文化中,还有由许多钟组合而成的编钟,那能演奏出旋律,其独特的声调受到不少市民的喜爱。如慕尼黑市政厅以及布拉格集市的"天文钟"在报时的时候,人偶会自动出来绕圈子。现在,那些地方已经成为著名的旅游景点。

支撑塔的螺旋阶梯的智慧

在古代,人们就建造阶梯用于上下移动,如古希腊以及古罗马的圆形剧场以及斗兽场中就有其原型。在古罗马建筑中,上阶梯时先迈出右脚,走完最后一级阶梯的也是右脚。这说明当时就已经存在右脚优先以及奇数的概念。

阶梯除了实用以外,还是权威的象征。宫殿的阶梯设计精巧,用来表现空间,或者体现王侯贵族的权威。王座常常设在阶梯的上方,在谒见时体现上下关系。另外,阶梯与古代巴洛克、洛可可、装饰艺术等时代的艺术样式也紧密相关,并因此得到了发展。

「窗」的思想史

1340 年前后修建教堂的情景(布拉哈)
(Bindung, *Baubetrieb im Mittelalter*.)

将石料垂直砌起的建筑技术以及向上搬运石料的技术支撑着欧洲大教堂的垂直文化。从上图中可以看出以前是如何一层一层地搬运石料的。从中世纪起,在搬运时就已经使用了网袋以及滑轮等旋转的装置。在大教堂,用于上下移动的技术十分重要,工匠特别为此发明了螺旋阶梯。因为塔以圆形居多,在内部设置不太占用空间的螺旋阶梯最为实用。

在螺旋阶梯的中心部分,有由上至下的扇形中轴。而塔的内墙则像是固定在螺旋阶梯上的圆筒壁。这一技术由中世纪形成的同业行会代代相传。因此,在欧洲参观塔的时候,得上下几百级螺旋阶梯,不少人转得发晕,爬得上气不接下气。在上下交汇时更是得费一番周折。

欧洲最高塔是在前文中提及过的乌尔姆大教堂(161米)。该塔的阶梯好像有768级,塔的中间部位开有窗户,可以一边眺望一边攀登。最高可以爬到141米处。爬一爬,可以感受到欧洲文化实际上就是上升和旋转的文化。除了宗教意义以外,钟楼还起到了哨楼这种防御作用。

乌尔姆大教堂入口处的螺旋阶梯(笔者摄)

例如，下图描绘的是 1300 年前后英格兰修建塔的情形，该塔即将竣工。塔的窗户上安装了铁栏杆，入口部分安装了"落窗"。当敌人来袭时，可将吊起的铁栏杆从上面放下来。不少欧洲都市的文章中有"落窗"的图案，那已成为都市的象征。

1300 年前后修建塔的情景（伦敦）
（**Bindung，*Baubetrieb im Mittelalter*.**）

　　到了近代，塔的重要性开始下降，而高层建筑也多了起来，仅靠阶梯已经无济于事，因此使用动力的电梯于 1952 年在美国出现，之后电梯就成为高层建筑中不可或缺的装置。在欧洲，1867 年的巴黎世博会展出了使用水力的阶梯，并从 1870 年前后开始进行了各种各样的试验。之后，由德国的西门子公司开发出了电梯，并开始普及。最近，在维也纳的老宾馆里看到非常老式的电梯还在使用，禁不住有些惊讶。

第二章　接受型文化与水平志向

1　日本的动作与接受型文化

日本的"拉的文化"

日本的纸拉窗与欧洲窗户的开闭方式不同,是左右移动。因此,可以自由自在地设置开口空间。在开闭窗户时,反复进行左右拉的动作。与纸拉窗十分相似的隔扇也是如此。过去,玄关还有双槽拉门。旋转门以前在日本之所以未被广为采用,一是因为日本人对旋转文化不太适应,二是因为铰链的构造比较复杂,加工技术难度较大。而木制门窗比较适合进行直线往返运动,便于加工。

不仅如此,木匠在使用刨子、锯子时,还有人们在扫地时的动作方向也不一样。在欧洲一般是往外推,而在日本一般是往里拉。欧洲剑用来刺,而日本刀用来砍,菜刀则是拖着切。在这些看似不显眼的动作中,其实包含着与接受型文化紧密相关的意义。的确,在现代日本的住宅中,纯日式双槽拉门的玄关已不多见,住宅多为东西折中型,大多使用欧式旋转门。但在大多数情况下,门是由里往外开。我曾在日本很多地方做过调查,发现不论在哪里,由里往外开的门多在90％以上。这与在前文中论述过的重视防御的欧洲方式完全相反。

之所以如此,是因为日本人有在玄关脱鞋的习惯,如果由外向里开的话,门就会碰到鞋子,玄关也会显得比较狭小。可以说,日本人在设置出入口时不太考虑防御的问题，主要看重如何方便开闭。

武者小路穰在他的《隔扇》一书中指出：日本的"拉的文化"在日式房屋中比旋转文化实用。因为在打开隔扇以及带拉门的壁橱时，即便面前摆满了东西也不用将之挪开，因而能有效地利用空间。这是日本人在小户型住房的生活中形成的智慧。那对住房宽敞的欧洲人来说是难以想象的。现在，在日本虽然基本上使用玻璃窗户，但开闭绝大多数还是采用双槽滑动式。虽然也有旋转窗户，但所占比例极小。从这一点也可以看出以往的滑动式隔扇、防雨窗的传统。许多学校以及高层建筑窗户的开闭方向也多采用日式。人们对这一点一般都不太注意，不过，对这种现象值得从文化的角度加以关注。

日本的接受型文化

在此，让我们来思考一下日常生活中的"拉的文化"与日本接受型文化的关系。以往，人们常说在岛国形成的日本文化是接受型文化。的确，日本自古以来就非常巧妙地接受了大陆文化、佛教、汉字以及欧美文化。其状况可以整理如下：

史前时代、古坟时代（大陆渡来文化）

奈良时代、平安时代（遣隋使、遣唐使）

安土桃山时代（南蛮文化）

明治时代（"脱亚入欧"、鹿鸣馆）

二战以后（战败后的美国文化）

现代（全球化）

日本从古代就一直引进外来文化，在将之充分消化的基础上，酿造出自己独自的文化。日本的接受型文化的形成原因有几点，首先让我们来看一下地理条件。在地理上，岛国日本离大陆的距离适中，能与大陆进行交流，引进文化，但又不容易受到外敌的入侵。由于具备这样的地理条件，日本比较擅长引进先进的文化，并将之变为自己的东西。

下面让我们从弥生时代以后的农耕文化以及宗教观的视点来思考接受型的日本文化的特征。第一，农耕文化是以定居的方式在自然的循环中从事农业，人们不太移动。在农业生产中，彼此熟悉的村民邻居等共同体成员互帮互助。这样的农耕文化完全不同于传播型的游牧文化，具有保守倾向。

　　其次，就宗教观来看，在日本有"八百万神"这种说法，日本的宗教是多神教。古代的泛神论信仰以及继承了那种信仰的神道、修验道，还有从大陆传来的佛教与儒教，这些信仰是共存的。虽然丰臣秀吉曾下令禁止基督教（1587 年，伴天连驱逐令），德川幕府也曾对基督教进行镇压（岛原之乱，1637～1638 年），明治初期还发生过废佛毁释运动，但从整体上来看，很显然日本人拥有灵活的宗教观。

　　排他性、好斗性是一神教的特色，而基于多神教灵活接受外来文化，这是日本文化的根本。日本几乎没有经历过基于一神教的两项对立，也没有产生过恶魔这种绝对邪恶的对象，就连与恶魔有些类似的山中妖怪也具有人的特性，人们并没有对那些妖魔进行排斥，"鬼的泪水"这句话就很好地体现了这种价值观。因此，日本人以和为贵，不是以自我为中心，不喜欢与人冲突，形成了一种宽容地看待宗教的共生精神。

　　因为有这种接受型文化的传统，日本在明治维新的时候，新政府的领导人伊藤博文、大久保利通、岩仓具视等人去外国视察，如饥似渴地学习欧美文明，使日本快速实现了近代化。不过，在吸收阶段的确存在有一窝蜂的倾向。明治维新时期的鹿鸣馆时代、废佛毁释以及战败后全盘美国化都是这种倾向的体现。之后，日本人将外国文化与日本传统文化融合，形成了现代的日本文化。

　　综上所述，正如李御宁在《"缩小"志向的日本人》一书中所指出的那样，丰臣秀吉出兵朝鲜、明治以后的军国主义和殖民地主义以及太平洋战争这些日本的对外侵略本来不是日本式的做法，而是欧美式或者大陆式的做法。因此，那些都以失败而告终。我们有必要对这些事实重新进行认识。

2 日本房屋的水平志向

平房

在日本,除了出云大社、五重塔、城堡等很少见的例子,一般建筑都不像欧洲建筑那样具有上升志向。在日本生活的日本人对日本建筑的特征不太关注,但在外国人看来,欧美与日本的建筑之间显然存在根本性差异。

例如,安土桃山时代①来日本传教的路易斯·弗洛伊斯(1532～1597年)曾在《欧洲文化与日本文化》一书中指出:"我们的房子都有几层高,而日本的房子大都是比较矮小的平房",将日欧

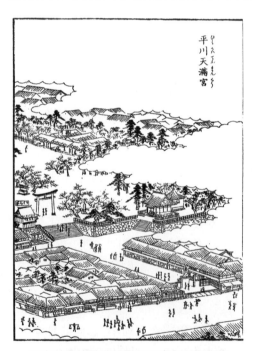

平川天满宫

江户时代的要道风景(《江户名所图集》)

---

① 译者注:指织田信长(1534～1582年)、丰臣秀吉(1536～1598年)掌握政权的时代,1568～1598年。

的房屋进行了比较。另外,美国动物学家爱德华·西尔维斯特·莫尔斯(1836~1925年)在《日本人的住房》一书中,也把日本的房屋描写成"平坦的海洋"。法国的奥古斯丁·伯格在《空间的日本文化》一书中则对"日本都市的水平性"进行了强调,指出"西欧是垂直定位,而日本是水平定位。"

直到江户末期日本建筑一般都是平房,从明治时代起才逐渐出现二层的楼房,当时那种房屋并不多见。神社和法隆寺的大讲堂以及寝殿造这些日本自古以来的建筑也都是平房。因此,横向型的日本建筑与在前一章中论述过的欧洲垂直型志向的建筑在构造上形成鲜明的对比。而且,过去日本的街景都是由延绵的平房构成,上页插图中的江户时代的要道风景就非常具有代表性。不妨认为那也是水平志向的一种形态。

日式房屋的线条也是朝水平方向延伸,这在纸拉窗、隔扇、隔间、墙壁等当中体现得淋漓尽致,而垂直方向的天花板则没有引起人们足够的重视。据藤森照信介绍,进入江户时代以后,民居中才开始使用天花板(参见《天下无双的建筑学入门》)。即使在明治以后,有些民居依然没有天花板。因为垂直型欧洲建筑比较看重天花板,因此形成了在天花板上画画的习俗。而在日本,由于视线不怎么投向那里,所以天花板也就是一块板子。

那么,日本人为什么会比较喜欢横向型,而不是纵向型建筑呢?首先要指出的是:就建筑的施工方法而言,欧洲使用石料,因而能把建筑建得很高,而日本使用的是木材,尽管也有像出云大社那样的特例,但上升志向通常在技术上难以实现。

第二,日本经常发生地震这种自然灾害,纵向型建筑抗震性能较差,而横向型建筑比较稳定,这在构造上是一种常识。当然,盖瓦的日本木造房屋由于重心偏高,抗震性会要减弱一些。但平房结构在一定程度上能吸收震动,发生震级较小的地震时不会倒塌。

欧洲的纵向型石造建筑虽然能承受较大的上下方向的压力,但经不起左右晃动。因此,石材缺乏抗震性。要克服这个问题,只能使用钢筋水泥。因此,如果能将之与木材的柔软结构巧妙地结合使用的话,抗震性能可以得到提高。(参见下文"五重塔的特例")

第三,日本还经常发生台风等自然灾害。纵向型建筑容易被大风刮倒,而横向型建筑的防风性能比较好。实际上,在台风频繁来袭的冲绳县,住宅都是低矮的平房,就像贴着地面一样。另外,人们还用围墙以及防风林来减弱风力,以将风害降低至最低限度。

第四,过去日本大多数人口都是种植水稻的农耕民。脚踏实地生活的农民不会喜欢不着地的楼房。日本的"土地神话"也是在这样的背景下形成的。这作为一种观念渗透在农民的生活之中,因而形成了横向型房屋这样一种文化。

第五,宗教方面的理由。欧洲的基督教指向上天,而日本的多神教的神灵被认为存在于森林、河流、海洋以及其他自然的森罗万象之中。特别是农耕民的丰作信仰认为大地上有神存在,平面比垂直更加受到重视,因此信仰的方向性不像欧洲那样是垂直的,起重要作用的是扎根于大地的水平方向的向量。

如前所述,日本的风土、农耕文化、自然观、宗教观形成了日本人的国民性。确实,日本也存在上下等级制度,特别是江户时代的"士农工商"比较有名。不过,农民占绝大部分,他们如果不在村落中互帮互助的话,就无法生存下去。

在日本的村落共同体中横向意识比较强,正如"出头的椽子先烂"这句俗话所说的那样,平等主义在农耕民中广为渗透。人们认为不显眼是一种美德。说难听一点,这是千篇一律主义。但是,即使在"绝交"这种排斥的逻辑之中,也保留了可以救火和参加葬礼这种最低限度的挽救手段。

水平型的平房靠柱子来支撑,因此柱子的间隔成为房间大小的基准。过去,房屋使用"间"(约 1.8 米)这一单位,说房间有几张榻榻米大小。因此,日本建筑师认为"间"这种建筑思想就是这样形成的。例如,神代雄一郎在《间,日本建筑的创意》一书中指出:"柱子是神的依附物,柱子与神对应,间与人对应。"柱子与柱子的间隔规定了日本建筑的空间意识。

日本传统的平房呈南北窄,东西长的长方形,因为那样朝阳的面积大,采光比较好。可以说那体现了前人的生活智慧。因此,客厅朝南,还设有隔间、宽檐廊。

在中世纪的欧洲,都市都有城墙,朝水平方向扩大受到限制。

而日本则没有那样的防御壁障,比较容易沿着街道向水平方向扩大。这种的都市构造上的差异对水平志向和垂直志向产生了影响。

如前所述,在欧洲的垂直志向的住宅中,阶梯构成点,形成了螺旋阶梯等多种多样的形式。而传统的日本平房不需要阶梯。不过,因为气候湿润,所以地板高出地面几十厘米,让地板下面的空间能够通风。在一些大型住宅里,还设有将房屋连接起来的回廊,那是一种用于移动的空间。

水平方向的开闭

日本住房的纸拉窗是左右拉动,关于这一点已经在前文中进行过论述。不过,在此需要强调的是,即便现在变成了玻璃窗户,但左右拉动这种开闭方式依然保留下来了。这一点不限于民居,大型建筑也是如此。而且,地铁、公交车的门窗也有左右拉动的。日本的地铁车门即使在自动化之后,依然采取左右移动的方式。欧美有些地方有将旋转式门改为左右拉动式。尽管那是受到了日本的影响,但他们出于面子上的考虑,并没有将那种方式称为日式。

欧洲火车的门窗过去一般都是旋转式,汽车门窗也是如此。受欧洲传统的影响,日本的汽车厂商也采取旋转式,那是全球化时代的要求。不过,在狭小的停车场,拉门便于上下,依然有一定的人气。像这样,日本文化的传统依然在传承着。

防雨板以及格子门也是按照水平方向来开闭。顶门栓、闸门式格子这些是从内部固定门窗用来防盗的小工具,因而欧洲的钥匙、锁文化在日本没有发展起来。屏风也是折叠式的,打开以及叠起时也是靠左右移动来进行。

日本人对水平方式情有独钟,想必那与生活文化紧密相关。例如:水田如果不是水平的,就蓄不住水,恐怕没有办法种植水稻;插秧时要齐整,田埂也是直的。可知这些生活习惯带来了水平方向的想法。

在室内,考虑到各种各样的用途,隔扇与榻榻米之间没有高低差,隔扇常常是嵌在门槛上。坐下时,横向型开口部分给人带来一

开放的日式房间与隔扇

种安定感。隔扇与一张榻榻米的大小相同,通透的格子隔板则是隔扇的缩小版。有装饰的天花板是后来才出现的。日本人有在榻榻米上盘膝而坐的习惯,这与欧洲人坐椅子的习惯有所不同,因此日本房屋的天花板比较低。我们不妨来理解:欧洲的纵向型与日本的横向型是由房屋内生活方式的差异带来的。

在日常生活中,可以随便躺在榻榻米上,人们常常躺在榻榻米上午睡。榻榻米具有隔热性、吸潮性,而且触感好,适合日本高温多湿的气候。另外,日本人过日子无需提心吊胆,在玄关脱鞋,在屋里赤脚,随处都可以安歇;而欧洲人即便在室内也穿着鞋子,坐在椅子上,那样随时都能应对外敌的入侵,他们只有上床睡觉时才脱鞋。

日本人在酒馆里也脱鞋,他们在那里感受十平米左右狭小空间的温馨气氛,日式建筑让日本人养成了那样的习惯。顺便提一下,在欧洲,站着吃饭不算违反礼节,因为他们有一种本能,在吃饭时也在考虑如何防身。

在室内移动时如果步子太重,榻榻米比较容易受损,因此那被认为不太符合礼节。正确的做法是挪步走。房屋的构造给日本人的生活带来了很大影响。日本自古以来的相扑、剑道的基本动作是挪步。另外还有"南蛮步"这种日本传统的步行方式,走路时左右手脚动作同步,那又被称为"忍者步"。在江户时代,人们长距离行走时常采取这种方式。另外，能乐、狂言以及日本舞蹈中的挪步也是如此。可以推测那些动作由来于农耕文化，体现了日本文化崇尚水平的实质。相反，人们称起跳的动作为"轻弹"，认为那样不稳重、轻率。

但是，欧洲的舞蹈、花样滑冰、体操比赛中的选择项目，撑杆跳高、跳高等，都是跳跃或者旋转运动。另外，平时走路时脚上下运动，像是在使劲蹬脚；大跨步行军的动作也给人一种充满活力的动感，那些动作都与上下阶梯时的动作不无关系。由此可知，生活文化的差异规定着多方面的行动。

寺庙钟声与水平运动

在前文中提及过欧洲的钟楼。在日本，钟的文化是与佛教一道从中国传来的。自古以来，从《平家物语》、安珍姬的传说，到正冈子规的俳句，以钟为主题的文学作品不胜枚举。在日本，除夕要敲钟 108 下。且不谈欧洲的钟，日本的钟与窗户的文化似乎没有直接关系。不过，如果扩大来解释的话，钟亭除了柱子以外都是开口部分，也就是说将窗户以及隔扇全部去掉，让声音传向四面八方。如果把钟亭理解为全开放的建筑物的话，也可以将之视为一种开放的窗文化。

寺庙里有钟亭，敲钟是僧侣的日课之一。过去人们没有钟表，要靠听钟声来掌握时间。敲钟报时是从室町时代开始的。与欧洲一样，寺庙的钟声为民众提供报时服务。但是，日本没有欧洲那样的高塔。因为木造建筑难以承受钟的重量。如果不是欧洲那种石建筑的话，就无法建成高的钟楼。最多也就把寺庙建在山上，让钟声从高处传开。

与欧洲相比，日本在敲钟时，木头进行水平运动。敲钟的木头一般使用纤维质较多的棕榈木。另外，敲钟时是先往后拉，这一点希望特别引起注意。那与在第一章中提到过的动作的方向性是一致的。也就是说，在日本，敲小钟时是使用小槌子。基于这种想法，形成了水平方向的敲钟方式。这不仅与敲打日式鼓时的水平方向动作一致，而且与纸拉门窗、隔扇的运动方向也是一致的。这并不是偶然的一致。

知恩院的撞钟堂

　　如前所述,欧洲的钟里面有叶片,通过绳索上下移动带来的旋转运动让叶片与敲壁碰撞发出声音。另外,定音鼓以及小鼓也是垂直敲打。在这一点上,与日本的水平运动形成对照。另外,欧洲的钟声清澈,犹如从天而降。而日本的梵钟低沉,沿水平方向传播,在山里回响,余音缭绕。这不仅因为钟的结构不同,同时还与日本空气湿润这种气候风土有关。

3　缩小化志向的日本文化

四叠半①的文化

　　大陆幅员辽阔,因此欧洲人喜爱开阔的环境,喜欢住独栋的大房子。田地也不是精耕细作,人们为了繁殖牲口而四处放牧,形成了崇尚自由的游牧文化。这种大陆性特征在居住方面体现为对大

───────────

　　① 译者注:指4张半榻榻米,每块榻榻米长约1.8米,宽约0.9米。

房子的偏爱。最终,这是一个可以归结为国民性的问题。

日本耕地面积有限,人们在狭小的土地上投入劳力进行劳动密集型生产,珍惜并充分利用每一寸土地。梯田便是这种情形的象征。另外,这种情形在茶室中也有所体现。茶人喜爱狭小的空间。茶人的想法是:归根结底,只要有一张榻榻米大小的地方日常生活就够用了,地方太大心里反而不踏实。

另外,日本建筑的墙壁与欧洲不同,使用的是自古以来与人们生活紧密相关的木材、纸张等材料。这些有机质材料感觉温暖,身处其中心情十分宁静。

在日本的住宅空间中,有四叠半的文化。四叠半通常是房间的最小单位。那么,为什么不是四叠这个整数呢? 大桥良介在《日本式事物、欧洲式事物》一书中就四叠半进行过以下论述:

> 当榻榻米是整块的时候,其空间与整数时一样,是整合性的、合理的。正因为如此,总让人感觉那成为无机的几何学空间。然而,当用上"半"叠这个面积时,作为居住空间的整体性、无机的正方形得以维持,同时也打破了其无机性,形成了可以自由呼吸的有机空间。那就是四叠半。……四个人坐在四叠半大小的房间里,他们无需直接对峙,也没有必要无限制地配合。

日本人在这种狭小的空间里本能地产生安心感。在那种时候,重要的是通过设置半叠这一多余的空间来排除窒息感,那使彼此之间能够顺利地进行沟通,这是一种生活上的智慧。凹间①虽然不实用,但在房屋的空间中却起到了象征作用。可以说,先人充分理解了无用之用。这一点在日本人的生活习惯中也有所反映。而且那与日本文化的间隙、余白、无的思想也是有关联的。

四叠半这种空间能让人感觉一种子宫情绪般的乡愁。李御宁在《"缩小"志向的日本人》中,作为体现日本人空间意识的事例,提

---

① 译者注:在日式建筑中,略高于榻榻米平面,在墙面凹进去的空间。一般用来装饰字画、插花等。

到了日本人偏爱狭小的壁橱。另外,盆景是自然缩影的典型。据称,体现在屏风、扇子、折纸这些折叠物品中的缩小文化构成日本晶体管和电子产品发展的基础。

日本料理也适合在小房间里吃。在大厅里举行大型宴会还可以,人少就不太合适。人少时,往往会使用屏风将大厅隔开。在欧洲,宴会一般是在大厅里站着吃,王侯贵族的晚餐会常常会邀请许多人参加。在大厅里吃饭不会感觉有什么不合适,因为人们穿着鞋,可以在各个餐桌之间移动。

茶室空间

镰仓时代的东国武士讲究简朴、节俭、刚健,与平安时代贵族华丽的宫廷文化形成鲜明的对照。后来,作为室町文化的一个构成部分,将崇尚简朴的武士文化发展到极致,形成了追求"无"的潮流。那与枯山水这种庭园的世界、水墨画的世界、禅的思想是相通的。世阿弥在《花传书》中说过"秘者花也"这句名言。在室町时代,确立了这种独特的日本文化的思想。

茶室的入口,要蹲着进入(明明庵,岛根县松江市)

另一方面，当权者崇尚华美、追求黄金，建筑因此变得绚丽多彩。他们修建了巨大的城堡，以夸耀自己的权势。室町时代世阿弥的美意识与那形成鲜明的对照。这种差异以丰臣秀吉与千利休的对立为象征。秀吉喜爱绚丽的黄金茶室，而利休追求寂寥，这段轶闻广为人知。

不用说，茶室体现了利休的思想。他一开始是用屏风将房间隔开，后来将四叠半的房间缩小至两叠，使空间小到极限。另外，他还在茶室设置了蹲下来才能进入的这样一种令人感到压抑的入口。也就是说，即便是武士，但如果不取下象征武士身份的刀的话，就不让进入茶室。那表明茶道与权威以及武士无缘。这种追求"无"的想法最终成为"一期一会"①这一茶道的真髓。

冈仓天心在《茶之书》中对茶室与欧洲华美的建筑进行对比，指出"茶室的茅草屋顶、细小纤弱的支柱、用来支撑的轻盈的竹子，使用这些极其普通的材料乍看让人觉得粗糙，然而从那里可以感受到人世无常。"他从茶道中发现了日本文化的精髓。这也是彻底去除多余要素的文化的典型事例。

茶室中有考究的格子窗、泥墙窗、色纸窗、花明窗，那些不同于一般的纸拉窗，其独特含义受到人们的喜爱。这种风格与草庐的建筑样式也有关联。淡淡的自然光从窗户射入室内，插花、挂轴、釜、茶具的阴影在昏暗的茶室里韵味独特。寂静打动人们心灵的深处，在那里形成一期一会的交流场面。

不仅茶室，日式房间中的凹间用来插花，挂挂轴，摆放装饰物。那也是一种象征性的，而不是实用性的空间。也可以说那是游戏的、空隙的空间。而且，那些构成日本文化的本质特征。近年，由于西式建筑的普及，这种空间逐渐消失，我们应该对凹间在房屋结构上的价值重新进行审视。

五重塔的特例

在日本这样的地震多发国家，将丰富的木料，而不是将石料用作建筑材料，那是当然的选择。作为宗教礼仪，绳文时代的青森三

①　译者注：意为一起品茶时主客彼此要以一生就此一回的心态肝胆相照。

内遗址以及岛根出云大社都曾有过巨大的木柱以及建造物,这些广为人知。诹访的"柱祭"也继承了这样的传统,这与绳文时代泛神论的树木信仰紧密相关。确实,绳文时代曾有过朴素的垂直文化。

之后的弥生时代是农耕文化的时代,那体现的不是垂直志向,而是前述的水平志向。高层建筑并不适合地震以及台风频繁来袭的日本风土。然而,之后出现了像五重塔、奈良东大寺大佛殿这些,例外的塔以及巨大建筑。这些建筑都是从大陆传入日本的。率婆塔则源于古代印度,经由中国以及朝鲜半岛传入日本。如今在中国以及朝鲜半岛,仍有石造的佛塔。

但在日本,率婆塔伴随着佛教传入以后,就变成了木造。日本木材丰富,可以说那是必然结果。当然,五重塔主要用于镇魂,是佛教的象征,而不是用于日常居住。现在,五重塔成为京都的著名景点,地位十分重要。当然,不仅有五重塔,还有三重以及被称为梦幻之塔的九重塔。

五重塔一般不让攀登。从外面看,塔分为五重,但内部并非如此。因此,五重塔适合从外面来观赏。从外面看,塔里有格子,但没有窗户。因为是木造,不少塔在火灾以及战火中被烧毁,现在只能从史料中了解其过去的面貌。

根据最近专门进行的调查,塔中间的支柱不是一根整的,而是几根支柱紧密地连接在一起。上田笃在《五重塔为什么不倒?》一书中指出:中间的支柱只不过支撑着先端的相轮,与建筑结构无关。与其说是因为没有那么长的树木,不如说连接的方式是基于"蛇舞"或者"小法师站起"的原理,不容易倒塌。先人在抗震方面的智慧令人惊叹,在日本这种地震多发国家,抗震技术在世界上居领先地位。

中心支柱主要用来吸收左右的晃动,在建造时,需要用它来确定建筑的中心位置。由于有这种灵活的水平思考,所以五重塔能够克服地震保存至今,通过晃动来吸收地震的冲击这种想法现在也被运用到高层建筑的抗震技术上。因此,在日本,塔的思想是从大陆传来的例外的文化。从本质上来说,垂直志向没有在日本扎下根来。与五重塔一样,城郭作为日本的高层建筑也是例外中的例外。有名的织田信长的安土城便是其中之一。安土城与欧洲的建筑一样具有垂直志向，那与信长的权力志向在战国时代别具特色紧密相关。

1582年大火以后，安土城就成为一个谜。根据内藤昌的复原图，安土城在很大程度上受到了欧洲大教堂的影响。耶稣会传教士路易斯·弗洛伊斯在谒见信长时留下了以下记载："当中有他们称为天守阁的塔，那非常壮观，比我们（欧洲）的塔品味要高得多。塔共有七层，内外的建筑技术都非常高超。内部四面的墙壁上画满了颜色艳丽的肖像。从外面看来，每层的颜色都不一样。有的外墙涂成白色，与黑色的窗户搭配，显得十分美观。"在此，弗洛伊斯专门谈到了安土城的黑白对比鲜明的窗户。那恐怕是指纸拉窗，他似乎是在指出纸拉窗没有融入日本固有的室内，认为它本身就十分醒目。

天守阁由五层七重构成，在顶层画有极乐图，图用金箔装饰，最上面有钟，那让人联想到欧洲的大教堂。可以说，安土城是由南蛮文化与安土时代的日本文化融合而成的特异建筑。从城堡上眺望到的风景与织田信长的"天下布武"的野心有重叠之处。

明治以后，日本引进了西洋的建筑技术，上升志向在建筑中开始显现，但其结果是不得不一直与地震灾害进行搏斗。在当今全球化的时代，抗震性能高的高层建筑成为一般性标准，那与五重塔的传统智慧并非无缘。

第三章　永久性与一次性——
窗玻璃与纸拉窗

1　欧洲的石材与玻璃文化

南北欧洲的地区性

南欧与北欧的文化有所不同,一般认为南方属于拉丁文化圈,而北方则属于日耳曼文化圈,因此导致南北欧人的气质也有很大的差异。地中海、中欧、北欧的气候风土被认为是造成差异的主要原因。

希腊、意大利、西班牙属地中海气候,那里夏季干燥,冬季降雨,树木生长缓慢。因此,希腊以及意大利的山地丘陵或是露出白色的泥土,或是长着牧草以及灌木,那里很少有茂密的森林,人们只能种植橄榄、葡萄。不过,由于大理石等石材丰富,一般建筑主要用石头建造而成。事实上,石造建筑寿命长,可以说那孕育了欧洲永远性、连续性的思想。

离开大城市,到意大利北部的费拉拉老街上走一走,那里的石造建筑、石板路、石板台阶、灰褐色以及褐色的墙壁与赤褐色的屋顶交织而成和谐街景给人留下深刻的印象。下页图片是建于 12世纪的罗马风格与哥特式混合的圣乔治大教堂,大教堂看上去分为三层,下面一层是罗马式,为了防盗窗户开得比较少。第二、第三层尽管是哥特式,但圆形的窗户和上部呈拱形的柱子、三角形的墙面结构给人留下深刻的印象。如果把大教堂比拟成人的脸的话,窗户起到的就是眼睛的作用,映入眼帘的是南欧明媚的风光。

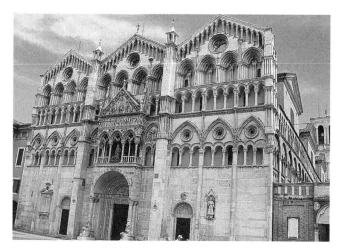

费拉拉的圣乔治大教堂（笔者摄）

费拉拉街角的窗户，上部的雕像用来驱魔（笔者摄）

　　上面图片中的窗户现在还在使用，窗户上安装了防盗网，显得十分森严。不过我们从图片中可以感受到洗练的石材文化的独特艺术性。

　　在降雨量较多的中欧，森林繁茂，日耳曼裔德国人以前主要居住在木造的房屋里。不过，由于地中海地区的石造建筑的技术传播到了中欧,随着都市化的进展,形成了木造与石造建筑混合的地带。在中欧城市,高高耸立的哥特式大教堂的尖塔特别引人注目。例如,耸立在科隆车站前面的大教堂的工期竟然断断续续地持续了 600 年,充分显示出了石材压倒性的厚重感。关于垂直上升的建筑在第一章中已经进行了论述,在此不再重复。

挪威的凡托特教堂(木造,1150 年前后)(Stadler, *Lexikon der Kunst.*)

巨大建筑是石造的,但中世纪以来,德国的都市都非常重视木造文化。至今保存完好的充满罗曼色彩的街景让人感觉仿佛又回到了中世纪。在街头到处可以看到外墙上用木材装点的美丽的低层建筑。即使室内很现代,但依照都市法,外观依然保持着当地的风格,由木结构与玻璃窗户组合起来的美丽光景得以保存至今。不过,在德国北部则多为深灰色的石棉瓦。

在人口稀少的北欧,森林资源丰富,木造住宅自然也就成了主流。但是,北欧的针叶树不像中欧的阔叶树那样坚硬,因此北欧人在建造房屋时就充分考虑了木材的特性。像挪威的凡托特木板教堂、俄国北部接近芬兰的基日岛上的木造教堂那样,11世纪至14世纪建造的部分大型木造建筑现在依然保存完好。那些建筑连屋顶使用的都是木料,将北方固有的技术与南方基督教教堂的风格融为一体。那些建筑窗户少而且小,内部显得昏暗。窗户玻璃是后来维修时更换的。由此可见,欧洲建筑及其窗户的风格受气候风土的影响,存在很大的地区差异,这一点值得我们注意。

玻璃透明性的历史

过去,欧洲和日本的窗户分别使用玻璃和纸,这两种材料的特性形成鲜明的对照。从材料来看,玻璃是光滑透明的无机物,而纸则是不透明的有机物。这不仅是材料上的差异,从中还可能看出日本与欧洲文化的基本特征。追根溯源,便会发现那上面烙上了长期以来人类活动的印记。

俄国基日岛的教堂,连屋顶都是使用木料

公元前4千年,在古美索不达米亚以及古埃及,就已经出现了玻璃。用石灰苏打这种价格昂贵的材料制作的玻璃曾被古人用作身上的挂件。当时生产出来的玻璃由于杂质较多,透明度较低。

即便如此,那也是只有国王一族才能享用的贵重品。的确,从庞贝遗址以及普利纽斯的《博物志》中都可以看出在公元 1 世纪前后,玻璃曾被用于窗户的痕迹。不过,那种情况非常罕见。

　　在欧洲中世纪,为了既能遮风避雨又能采光,人们将羊皮纸、油纸以及揉平了的家畜的膀胱贴在房屋的窗户上。在教会的圣堂,将天然大理石切成薄块,嵌在窗户框里。这种大理石窗现存于意大利的古都拉文纳 5 世纪初的基督教建筑中,被视为世界上最古老的大理石窗之一。从加拉·普拉西迪亚陵墓内部看,在太阳光的照耀下,褐色的天然色彩图案显示出一种独特的色调,在昏暗的光线中隐隐约约浮现出马赛克画,那种神秘的光景让人迷恋。透过大理石窗户射入的光线被视为神的象征,信徒们对之进行膜拜。

加拉·普拉西迪亚陵墓里的大理石窗(中央)

到了中世纪,玻璃窗开始在教堂以及王侯贵族的宅邸出现。当时还没有出现能制造平板玻璃的技术,在哥特时代使用的是原始的铸造法、王冠法,到了近代,出现了被称为"口吹圆筒法"的工艺。铸造法是将玻璃熔液倒入模子中成型。王冠法是因为在制造过程中玻璃会呈现王冠状而得名,首先要将溶化的玻璃吹成梨形的瓶子,然后在底部中心位置接上沾有另外玻璃熔液的棍棒,再将瓶状开口部分的棍棒取下来。开口部分因此成为空洞,将附着在瓶底的棍棒一转,借助离心力的作用,瓶子的开口张开,最后成为平整的圆盘。

接下来的工艺是口吹圆筒法。这种方法首先吹出像啤酒瓶一样的圆筒,将上下切除之后,再次加热。等变软之后,纵向切开,慢慢铺开,做成玻璃板。下页图片中的乌尔姆大教堂内门上的玻璃估计是用铸造法或者王冠法制造的。人们用铅条将牛奶瓶般厚实的圆形玻璃周围固定,呈现大格子网状。

中世纪的玻璃很厚,而且每块的面积不大。之后,经过技术改良,玻璃逐渐变薄变大了,因此窗户也随之增大。而且出现了将各种颜色的玻璃组合起来的彩画玻璃。那种玻璃被用来表现教会的基督教世界,成为一种不可或缺的宗教教育手段。

在12~13世纪前后的欧洲,威尼斯通过地中海贸易积累了财富,许多手艺高超的玻璃工匠聚集到了那里。因为东罗马帝国的衰退以及伊斯兰的政变,玻璃工匠从各地纷纷移民到威尼斯。另外,威尼斯也是地中海的贸易港,比较容易获得原材料。玻璃的生产工艺是一种秘密,据称由于担心威尼斯玻璃生产工艺泄密,总督曾把工匠们软禁在穆拉诺岛上。当时,威尼斯玻璃出口到欧洲各地,享有盛誉。

即便到了中世纪,由于含有酸化铁等不纯物,玻璃的透明性欠佳,呈绿色。人们希望在窗户上使用透明度高的玻璃,但那种玻璃的生产难度非常大。从文艺复兴鼎盛期的15世纪起,出现了经过改良的网状玻璃,那种玻璃开始进入生活富裕的市民家中。其形状有圆形、菱形。

但是,随着地中海海运、贸易的衰退,威尼斯开始走向没落。从15世纪后半期起,控制了外洋的西班牙、荷兰获得霸权。玻璃

乌尔姆大教堂内门上的玻璃（笔者摄）

需求也随之扩大，于是生产据点迁移到了森林地带。因为在那里便于获得木材以用作燃料。这样一来，玻璃生产的中心转移到了德、法、捷克、英等国。特别是捷克波西米亚的玻璃现在依然有名，那里成为玻璃产地，因为那里拥有丰富的森林资源，而"森林玻璃"正是该地的特产。

近代的玻璃生产始于 17 世纪法国的"口吹圆筒法"。这种生产工艺可以生产出美观的透明度高的玻璃，需要熟练的技术。可以说欧洲的玻璃生产史就是追求玻璃高透明度的历史。

到了工业革命的时代，玻璃的需求进一步扩大，开始由工厂大量生产。因为玻璃窗户既能保温，同时又能看到外面，这种建材受到了人们的喜爱。新兴资产阶级的住宅中大量使用玻璃就是因为这样的缘故。

如上所述，在欧洲，玻璃先是用于教堂以及王侯贵族的宅邸，后来又用于资产阶级的住宅，被视为建筑中不可或缺的东西，广为普及。接下来,要谈一谈彩画玻璃。

彩画玻璃

石材文化是支撑稳固的基督教文化的名副其实的基石。石匠的同业行会继承了那种技术,秘密结社便是起源于石匠的同业行会组织。而玻璃彩画技术也是由同业行会代代相传的。可以说,将色彩鲜艳的玻璃拼成图案这种想法来自美索不达米亚以及欧洲传统的马赛克画。

彩画玻璃的彼得像

在 12 世纪前后期,彩画玻璃开始用于教堂。一开始是镶嵌在罗马式教堂的窗户上,对于这一点已经在前文中进行过介绍。那是根据神职者的要求,为了将基督教世界视觉化,即通过彩画玻璃来表现神的庄严世界。罗马式教堂由于不能把窗户开得太大,因此彩画玻璃的效果十分有限。

11 世纪以后,在哥特式大教堂的窗户上装上的彩画玻璃开始引起人们的关注。但是,由于当时生产不出大块的平板玻璃,只能将小块玻璃拼接起来，用铅条逐一固定。玻璃的原色是绿色，加钴会变成蓝色，加铜会变成红色。以此为基础，就能用玻璃拼出马赛克状的基督、圣母玛利亚、十二弟子的画像以及圣经故事的壮观场面。上页图片是 1330～1334 年前后制作的手拿钥匙的彼得彩画玻璃像（收藏于拜仁国立博物馆）。

太阳光透过彩画玻璃，就会变成神灵的世界，在昏暗的大教堂里展现出壮丽的光景，而且色调会随着时间的流逝而发生变化，将基督教圣经的世界通过彩色图像展现出来，让不识字的人也能充分感受神的世界，这是一种崭新的创意。

蔷薇窗之谜

在以德国为中心的北欧哥特式建筑中，长方形的彩画玻璃占主流。而在从南欧到中欧建有哥特式大教堂的地区，出现了蔷薇窗。具有法国哥特式特征的夏特尔、兰斯、巴黎圣母院这些大教堂的蔷薇窗广为人知。像这样，圆形的多重结构的蔷薇窗在 12 世纪前后起以法国为中心普及开来，那种圆形蔷薇窗在意大利、西班牙、英国都能看到。

如前所述，哥特式建筑的原理在于垂直志向。很显然，在圆形蔷薇窗中起作用的应该是有别于哥特式建筑垂直志向的另外的原理。问题是为什么在这个时代圆形主题会受到关注呢？因此，我们有必要对上升志向的哥特式建筑与圆形蔷薇窗组合的意义进行探讨。

首先，让人联想到的是圣母玛利亚信仰与蔷薇的关系。当时，以法国为中心兴起了玛丽亚信仰，人们一般将圣母比拟成蔷薇。巴巴拉·沃尔克在《神话传说词典》中指出："蔷薇窗面向母权制社会乐园所在的西面，作为女性的象征与东面的十字架相对，而十字架则是男性的象征。由此而言，蔷薇窗是献给圣母的。"他解释说，通过十字架与圆形的组合，"女神的身体成为一个包含男性本质的宇宙。"

的确，巴黎圣母院意为"我们的贵夫人"，是献给圣母玛利亚的，因此那么多人这样联想也在情理之中。但依照图像学的定论，在中世纪蔷薇并没有被视为玛丽亚的象征，那种联想是后世才出现的,因此蔷薇窗与圣母玛利亚的联系被否定了。

于是,就有学者认为使用蔷薇窗是为了协调中世纪经院学派的垂直与圆形(埃尔温·帕诺夫斯基),还有学者认为是由于十字军东征时受到了伊斯兰教圆形文化的影响。实际情况不得而知,不过笔者认为大教堂中的圆形象征与自古以来的太阳信仰以及女神信仰有关,正如沃尔克所指出的那样,圆形体现了女性原理,尽管这与定论不相符合。起始于12～13世纪的玛丽亚信仰的复兴让人强烈感受到女性原理的复权。

因此,如果说哥特式尖塔是男性的象征,而内部的彩色蔷薇窗是女性的象征的话,那么大教堂就是包含男女两种因素的家。在东边的窗户上描绘基督的诞生,在西边窗户上描绘基督接受最后的审判,这表明人类的灵魂由基督这种男性原理所引导,在母性蔷薇窗回归黄泉世界这样一种宇宙观。不过,南欧的大教堂保持着女性原理,因而蔷薇窗比较多,而北欧则重视男性原理,所以蔷薇窗比较少,在欧洲也存在有地区差异。

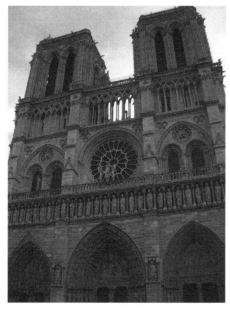

巴黎圣母院(Duby, *Die Kunst des Mittelaltes*.)

巴黎圣母院南面的蔷薇窗

　　巴黎圣母院是最著名的哥特式建筑之一,上页图片中正中间的门上塑有"最后的审判"的场景。上部装饰了基督和圣母玛利亚像,从下往上看,蔷薇窗构成玛丽亚的背景光线。进入教堂里面,就会看到由三扇蔷薇窗构成的庄严且神秘的世界。在北面的蔷薇窗上,描绘着玛丽亚和《旧约圣经》中的人物,南面则是基督与十二弟子,在黄泉所在的西面,是抱着基督的玛丽亚。可以说,巴黎圣母院按照方位来配置蔷薇窗,并用彩画玻璃将基督教的世界表现得非常美丽。

　　彩画玻璃后来被用于新哥特式以及世纪末的维也纳新艺术风格。在装饰艺术时代,还被用于住宅。莱俪(1860～1945 年)是法国最擅长使用彩画玻璃的建筑家,他用精炼独特的手法将彩画玻璃用于教堂和一般住宅,还用于小物件,描绘出了细腻的世界。即使在今天,他设计的建筑作为艺术作品依然受到很高的评价。

"森林玻璃"与环境破坏

　　玻璃是用石英精炼而成的。那通常被称为碱性玻璃,以往使用的添加物是苏打灰(碳酸钙)。从16世纪前后起，人们发现添加碳酸钾比添加苏打灰能生产出透明度更高的玻璃。因此，人们用钾含量比较高的山毛榉来烧灰。这样一来，玻璃的精炼常常就在森林地带进行。其结果是用作燃料熔化矿石的木材以及用于烧制含钾添加物的山毛榉树林被大量砍伐。

在文艺复兴时期的欧洲，法国洛林地区、德国莱茵河畔、德国南部、捷克波西米亚都成为玻璃产地，以满足不断扩大的社会需求。因为那些地方森林资源丰富，水运便利。另外，英国还发明了含铅的透明玻璃。

到了近代，玻璃窗的需求进一步扩大，各地又开始大量砍伐森林。森林消失后，作坊就得搬迁。从中世纪后期起，玻璃生产技术由家庭内作坊性的同业行会传承，拒绝外人参与，通婚也只限于同行之间，由此形成了封闭性的集团。领主也对玻璃生产进行保护，在欧洲各个地区，他们都成为孤立于村民的移动集团。不仅玻璃，陶瓷以及水泥的生产也要耗费大量的木材，其生产同样也是在森林地带进行。

以前的波西米亚是一个森林资源丰富的地区，特别是原生山毛榉树林繁茂，而且有煤炭和无水硅酸这些原料，还有伏尔塔瓦河，最适合进行玻璃生产。而且，统治该地区的哈普斯堡皇室对玻璃生产给予了保护。因为文艺复兴之后在神圣罗马帝国的统治下社会对玻璃的需求增大，波西米亚的森林因此而被砍伐殆尽。下图显示的是15世纪初波西米亚山中的玻璃作坊的状况，可以看出当时是使用口吹圆筒法在生产瓶子。

现在，去捷克旅行的话，感觉森林资源已不再丰富，再也看不出波西米亚昔日的面影。捷克斯洛伐克在战后成为东欧工业国家固然也是原因之一，但那之前的玻璃生产很显然是导致森林荒废的主要原因。直到现在，波西米亚的玻璃依然十分有名，但其中也包含上述负的历史遗产。

玻璃作坊不仅在波西米亚，而且在欧洲各地都一直都对森林起到了破坏作用，生产方法也从移动式手工业转变为固定化的近代化量产工厂。那之后，玻璃工业与其他制造业一样，又因为排放污染物质对环境产生破坏，这是欧洲文明的自然观带来的结果。

15 世纪的玻璃作坊
（Brunner. u. a. , *Ritter Knappen Edelfrauen.*）

　　格林童话中有"七只乌鸦"这样一则故事，那与玻璃作坊关系密切，让我们来看一看最后部分的梗概。

　　某对夫妻有七个男孩，后来又生了女孩，父亲让男孩去打水，给新生儿洗礼。但孩子们顽皮，把水壶扔到泉水中，半晌都不回家。父亲生气地诅咒道："让那些孩子变成乌鸦吧。"没想到孩子们果然消失在天空。过了几年，女孩长大成为美丽的姑娘，听说了关于已经消失的兄长的故事。为了拯救兄长们，她到处寻访，最后发现他们被关在玻璃山上。女孩最后打开玻璃山的大门，勇敢地救出了兄长，兄长们由乌鸦变回来了。故事以这样的大团圆结局。

　　读者或许会认为"玻璃山"是虚构出来的，其实不然，那是指实际生产玻璃的山。如前所述，玻璃生产者是封闭的集团，这个故事可以理解为他们把孩子们关在作坊里。如果再牵强一点来说的话，他们抓来年轻人让他们从事玻璃生产劳动。在童话中，那里显然被描写成不祥的世界，带有歧视色彩。如果不了解森林的玻璃生产的历史，就无法理解这个故事的真实性。

走向玻璃时代

17世纪，因为使用酸化铅，能够以低廉的成本生产出透明度高的水晶玻璃。进而到了19世纪后半期，又开发出了合成苏打，工厂能够进行透明平板玻璃的量产，成本也下降了。在20世纪，还开发出了滚轮法这种平板玻璃的生产技术，这个时代因此被称为"钢铁和玻璃的时代"。现在，使用混凝土、钢铁、玻璃这些材料的建筑占据主流，那成为独栋住宅、住宅楼、高层建筑的共通原则。那些建筑所追求的是开放性和采光性。另外，近几年使用较多的钢化玻璃克服了玻璃易碎的弱点，具有划时代的意义。钢化玻璃的出现使玻璃的需求飞速扩大。之后，就出现了本书前言所指出的大城市的全球化不断进展，窗户面积越来越大的现象，在城市里"玻璃不断增殖"。因此，玻璃成为现代无机性都市风景的象征。

玻璃成了日常生活中最普通的东西，透明性是玻璃窗最大的优点。在德国，有一种说法认为窗玻璃脏了，恶魔会从外面窥视，因此妇女们每天都把窗玻璃擦得一尘不染。人们非常不愿意看到脏玻璃，认为不擦玻璃的人是懒人。日本留学生不理解那种感觉，即便被房东提醒也觉得别人是在多管闲事。但是，这样的文化摩擦中包含着欧美文化的本质性问题。

欧洲的玻璃窗种类繁多，让我们来整理一下比较有代表性的几种。首先，由外向里开的窗户使用得比较多，由里向外开的防盗性能差，用得比较少。凡尔赛宫的落地窗使用的就是由里向外开的方式，那种法国式窗户非常有名。在日本，那被称为观音开式，一般用于通往庭院的出入口以及楼上阳台出入口。在德国，则以由外向内开式和旋转式相结合的方式最为常见。

另外，弓形落地窗将阳光引入室内，在外观上则成为房屋独特造型的一种点缀。屋顶窗用于屋顶的采光，同时也是屋顶上的一种造型。屋顶的窗户多为开闭式和固定式，上下移动的方式比较少见。上下移动式窗户的关闭靠上下垂直移动来进行，与欧洲建筑的垂直志向是有关联的。日本的左右移动方式原本在欧洲比较少见，但随着铝合金窗的普及，现在逐渐增多了。

玻璃窗的隔热效果比窗纸要好，在纬度高的寒冷的中北欧，多

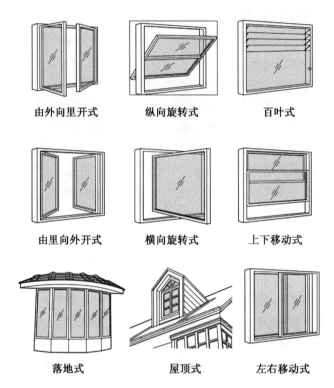

由外向里开式　纵向旋转式　百叶式

由里向外开式　横向旋转式　上下移动式

落地式　屋顶式　左右移动式

使用双重玻璃。在环保意识高的德国弗赖堡的住宅有的还使用三重玻璃的。玻璃之间灌入隔热瓦斯，追求完美的低碳效果。因此，那种玻璃一般被称为环保玻璃。不过，那种环保玻璃将自然的声音也隔绝了开来，带来居住者自己的寂静世界。如果要听自然的声音，就要打开窗户。从这里，也能看出欧洲人的人类中心主义的世界观。

2　支配光线的欧洲人

用窗帘来调节光线

　　欧洲与日本所处纬度的不同，因此欧洲人与日本人对阳光的感受也不一样。在思考光线问题时，首先要想到两者生理上的差异。欧洲人即便在室内也不喜欢电灯的直射光线，主要使用间接照明。我曾在德国的大学图书馆看到，光线昏暗时学生也不打开桌子上的台灯。还有一次,夜间坐德国朋友的越野车,灯光打得很弱,让我有些担心。但朋友说他看得清,没有问题。相反,人们不喜欢夏天的直射阳光,不戴太阳镜就无法忍受刺眼的阳光。

当然,光线会因为空气的干燥程度,或者说透明度而有所不同。但尽管如此,欧洲人对光线特别敏感。从晚秋到冬天日头短,阴沉沉的天气要持续很久,阳光很少。因此,每逢阳光灿烂的春夏,他们都会到户外享受阳光。由此而言,欧洲人与日本人不同,他们会凭借人的力量在物理上调节光线。

日本的拉门拉窗不论在哪个季节都能将间接光引入室内,而欧洲的情形则有不同,人们用窗帘这种厚布来遮挡从玻璃窗射入的阳光,在物理上对光线进行调节,特别是朝南的窗户经常那样做。可以说,这是人类凭借自己的意志支配自然的一个事例。

欧洲的窗帘原本不是挂在窗户上的,而是盖在王侯贵族床铺上的顶篷。因为他们的寝室很大,冬天暖气无法让整间房子都暖和起来,床铺顶篷起到了保温的作用。另外,顶篷还具有装饰作用。在中世纪的欧洲,人们使用地毯以及挂毯作为室内装饰品,上面用金线绣上图案,作为装饰品曾受到人们的追捧。特别是王侯贵族在城堡或者宅邸里用挂毯、自画像、壁画等来装饰,形成了绚丽豪华的装饰文化。因此直到 16 世纪末,欧洲的窗户没有充分受到重视,反而是床铺的顶篷以及墙壁上的装饰更为人们所看重。

的确,从历史的角度来看,即便是在文艺复兴时代,玻璃板的生产也十分困难,窗玻璃的面积比较小,自然也没有必要将之遮挡起来。因此,原本对窗帘的需求比较小。之后,从巴洛克时代的 17 世纪前后开始,随着玻璃板生产技术的发展,窗玻璃变大,窗帘也逐渐变成将整个窗户遮掩起来的形式。

窗户有四种作用:第一是遮光;第二是保护隐私,随着玻璃窗的普及,窗户面积增大,特别是到了晚上人们需要用窗帘来遮挡外面的视线;第三是可以起到保温的作用,玻璃的导热性较好,拉起窗帘之后,窗帘与窗户之间就会形成一个有保温作用的空气层;第四有装饰作用,因为窗帘的颜色以及款式可以使室内气氛发生变化。窗帘作为室内装饰,17 世纪的凡尔赛宫的款式曾成为全欧洲的款式,普及到法国以外的欧洲王侯贵族的府邸中。

后来窗帘的款式又经历了优雅的洛可可式、拿破仑时代的帝国式、20世纪初的青春样式、装饰美术式等等，与艺术潮流密切相关，不断发展。窗帘多为左右对称型，从中间分开。从这一点也可以看出顶篷的痕迹。

另外，在欧洲，玻璃与窗帘之间还有一层花边的白纱窗帘。那是用传统的花边编织技术制作而成。手织花边价格昂贵，原本用于衣领、手帕的边缘，最多也就用于床罩的边缘。后来，随着机械编织的花边普及，到了近代，又出现了花边的白纱窗帘。

丝绸白纱窗帘受到人们的追捧，法国里昂是著名的丝绸产地。既有垂挂式，也有固定式。近几年，开闭方式与日本的纸拉门窗相似，左右移动的比较多。

3 纸拉门窗的透明性与一次性

纸窗

日式窗户的原型是在房屋用来采光的开口处摆放的竹子和格子，十分简陋。人们从7世纪的飞鸟山田寺回廊的考古遗址中曾发现过窗户的痕迹（参照山田幸一主编《窗的故事》），那种窗户后来发展为格子窗，用于寺院、农家仓库、城堡、商店等建筑。格子窗是一种隔板，从缝隙中可以隐隐约约看到对面，还可以移动。

不过，格子窗不能挡风。另外，板窗的原理与格子窗十分相似，白天打开，晚上关闭。板窗主要用于平安时代贵族的寝殿造，那也不能遮风，因而当要遮风时，人们就使用屏风，而屏风就成了隔扇的前身。这种隔扇像是贴了纸的移动式屏风。

据说885年（仁和元年）藤原基经给京都清凉寺赠送了隔扇，隔扇东面和西面画有一年中的活动。那表明隔扇与一年中的活动也有着紧密的关系。之后，在平安时代末期，出现了在开口部贴上半透明纸的隔扇。隔扇呈长方形，格子稍细一些，因为那样可以增加纸的耐用性。

贴了纸的隔扇用作采光和分隔，大约在9世纪，被天皇以及平安贵族等统治阶级使用后，逐渐普及开来。当然，造纸术早在7世纪就从朝鲜半岛传入日本，小川和纸、细川和纸在奈良时代就已经

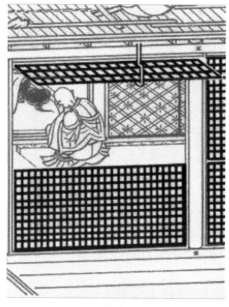
板窗

开始生产,造纸材料黄瑞香、葡蟠从长良川上游运来,生产则在下游的农村进行,因此才有这样的名字。特别是在不适合开展农业生产的山区,农民根据需要种植葡蟠,致力于高级和纸的生产。

然而,仅靠纸窗是无法阻挡风雨的,在纸窗的外面还有防雨窗。防雨窗不仅可以防雨,晚上还可以防盗,其开闭方向与纸拉窗一样采取了水平滑动式。

另外,纸拉门与纸拉窗同属一类,曾被称作"唐纸"。那恐怕是从中国传来的。纸拉门不具有通风性,以前夏天用芦苇编制拉门便于通风,使室内环境更舒适。

纸拉门窗之所以能在日本普及,是因为和纸的纤维质强韧,耐用而且弹性好。和纸不仅用于纸拉门窗,而且还用于卷轴画、斗笠、灯笼、雨披等。欧洲的洋纸是以纸浆为原料,主要用于书籍、资料、报纸等。因为洋纸纤维质比较短小,不适合用于纸拉门窗等。而且,欧洲人原本就不会想到把纸张用作建材。

纸拉门，淡泊的山水画图案较多（笔者摄）

纸的一次性与日本文化

日本的房屋在翻新时都有一种重建的想法，其中最有名的便是伊势神宫的迁宫制度。众所周知，伊势神宫每 20 年迁徙一次，那虽然具有传承建筑技术的意义，但一般认为在本质上体现了日本人的思想和建筑观。由于台风、水害、地震等自然灾害频发，在日本受重视的不是永远和绝对，而是循环和重生的思想，那种观念在建筑中也有所体现。顺应自然的想法大概就是这样普及开来的。

过去，纸拉门窗一年至少要更换一次，更换一般在年底进行，以迎接新年。"焕然一新"这一特征形成了日本独特的精神文化。日本人善于在虚无中，在一瞬间发现美的真髓，那种特性与纸这种材料有一定的关联。动物学家莫尔斯来日本时，对日本的住宅产生了兴趣，留下了《日本人的住房》一书，书中记录了他以外国人的眼光对纸拉门窗所进行的细腻观察。

有时候，不小心在纸拉门窗上弄出一个小洞来，或者弄裂。在修补那些破损之处时，日本人总会发挥出他们的艺术感性。他们不会像美国人那样剪出一块方形纸贴上去，而是剪出樱花或者梅花等漂亮的造型来修补。这种很有情趣的方式在我国乡下人那里有时也能看到,但我常常觉得在修理损坏的窗玻璃时还是找日本人比较好。

莫尔斯在这不经意的叙述中,从纸拉门窗的修补这件小事上敏锐地洞察出了日本人细腻的审美意识。纸拉门窗损坏,在换季时更换,日本人就是通过这些事情,不断体验重生和循环的过程。

纸拉门窗原本是与坐在榻榻米上的文化一道被传承下来的。因此,那与坐在椅子上的文化不同,在有纸拉门窗的房间视线会比较低。实际上,从离地板 10～30 公分左右的位置开始贴纸,坐着开闭纸拉门窗才符合礼节。即使纸拉门窗有破损也不会影响到美观,因为"美哉纸拉门窗之穴犹如银河"(参见李御宁《"缩小"志向的日本人》)。

如前所述,欧洲是石材的文化,日本是木材的文化,纸拉窗与玻璃窗在材料上的差异可以说是这种命题的一种翻版。这与日常生活中材料的差异感也是一致的。例如,在日本,原木的纹路常常得到利用,这非常适合人们的感受,而欧洲人则在木料上涂上油漆,加上装饰,以这种方式来装点室内,他们所拥有的是这样一种审美观。

半透明的文化

在日本,春季烟雨朦胧的时候较多,雾里看花别有一番风味。另外,且不说梅雨天,夏天高温多湿,水田里散发出水蒸气,空气湿度大,透明性较低。在日本人看来,朦胧的状态并不奇怪,比起晴空万里的光景,或许朦胧的光景更让人心旷神怡。

与欧洲不一样,日本不会使用物理方法将光线遮挡起来。日本人将房檐留得比较深,使光线变柔和,再让光线透过半透明的纸拉门窗。另外,还会挂帘子,或者种上牵牛花或者藤蔓植物,那样既能享受从植物中透过来的阳光,又能避免太强的光线。在居住环境方面的这些创意构成了日本建筑的特征。

因此,在日本,光与影不像欧洲那样是对立项,随着太阳的移动,光线强弱呈现微妙的变化。在感受那些细腻变化的过程中,人们形成了珍惜瞬间的审美意识。日本人对光与影极其敏感。诗人立原道造的诗集《朝夕之诗》对昼夜的交替进行了出色描写,那让人强烈地感受到在光线变幻的那一瞬间的美感。

纸拉门窗、芦苇帘、暖帘、竹帘都是在日本的气候风土中诞生的,那些东西构成日本人生活的重要部分。透过纸拉门窗射入的柔和光线,庭院中树木的影子映照在纸拉门窗上,形成独特的造型美。影子根据天气以及云层的状况瞬息万变。另外,那种柔和的光线让人联想到"面影"。纸拉门窗的半透明性形成了日本人细腻的感性,即使这样说也不为过。不把事情说得太直白,这种暧昧的文化也与纸拉门窗的半透明性有着直接的关联。谷崎润一郎在《阴翳礼赞》中有这样的描写:

> 如果把日式客厅比喻成一幅山水画的话,纸拉门窗就是墨色中最淡的部分,而凹间则是最浓的部分。我每次看到格调高雅的日式客厅中的凹间,就会感叹日本人精巧地理解了阴影的奥秘,巧妙地将光线与阴影区分开来了。

这是对日本文化的重新评价。从现在的生活来看,光线昏暗会有些不便,不过昏暗的阴影能让人感受到日本独特的情调。我们可以将之与幽玄的世界以及寂寥这些日本文化的特色联系起来。日本的民间故事、怪异故事的世界都是在黑暗、昏暗的背景下形成的,因而显得真实、有魄力。

谷崎在欧洲参观建筑时,留下了这样的印象。"室内没有一处阴影,看到的是白墙、赤柱,地面犹如颜色鲜艳的马赛克,那如同刚刚印出来的石版画向我的眼睛逼近,让我有些喘不过气来。"他对欧洲建筑的印象不太好。这种审美观不是谷崎所独有的,热爱日本文化的人都会这样。

但谷崎不否认金银的华丽装饰。有趣的是谷崎曾经对泥金画绚烂豪华的世界进行过以下描写:

> 看着那些上了蜡的颜色鲜艳的泥金画的匣子、文具台、架子什么的,花里胡哨,感觉一点都不踏实,甚至让人觉得有些

俗气。如果将衬托那些器物的背景变暗，取代阳光或电灯的光线，点一根蜡烛来看的话，那种花里胡哨的感觉一下子就消失得无影无踪，变成高雅、有厚重感的东西。过去的工匠在那些器物上涂漆，画上泥金画的时候，脑子里想到的一定是昏暗的房间，考虑到的一定是光线柔和环境下的效果。我觉得他们毫不吝啬地使用金色，是因为考虑到如何在昏暗中将它凸显出来以及让它反射光线。

不用说，谷崎笔下有对日本的美的世界的敏锐洞察。日本也有金箔工艺品以及隔扇画的传统，实际上在很多情况下那些是在昏暗的光线中被人们欣赏。日本独特的黯淡金色之美就是在那种背景下形成的。

浩养庭园屋檐深处的和室（福井县）

由于在欧洲与日本，人们对光明与黑暗的理解不同，两者对金色的理解也不一样。例如，维也纳的画家克利姆特受到了日本泥金画以及尾形光琳画作的影响，他的代表作大量使用了黄金。对此，欧洲人的感觉与日本人不同。他们喜欢的是黄金的华丽。可见即便在艺术鉴赏方面，其形成背景即风土有多么重要。

纸拉门窗的可变性与拟声词

隔扇与纸拉门窗原本是分隔房间的东西,但隔扇不单单是隔板,还可以在上面画画,营造房间的氛围;纸拉门窗上面可以贴纸,用于室内采光。可以说,隔扇是纸拉门窗的一种变形,它可以用来将房间隔开,也可以开闭。隔扇画的题材多种多样,其中较多的有自然、花鸟风月,那体现了日本人对自然世界的追求。但一般家庭喜欢淡雅的色调,而不太喜欢欧洲那种华丽的绘画。

房间开放部的面积也可以通过移动纸拉门窗来调节。打开纸拉门窗,房间的界限消失,与庭院连成一体。春天自然的气息、夏天深深的绿色、秋天的落叶、冬天的枯枝以及雪景,人们可以从中直接感受到季节的变化。体现在俳句的季语以及各个时节的问候语中的自然观就是这样形成的。

特别是纸拉门窗对日本的声音文化做出了贡献。如前所述,玻璃有隔音的作用,但障子没有。山风、昆虫、小鸟、树木摇曳的声音孕育出了在四季变换中生活的日本人的细腻感觉。其中,最敏锐的是听觉。日语中的拟声词、拟态词发达与这一点有着紧密的关系。特别是在儿语、漫画、动画片中拟声词频繁出现,这种敏锐的听觉对日本的语言、文化产生了很大的影响。

拟声词常用于主观感觉。因此,比起重视客观表达的欧美语言,在重视情感的日语中拟声词用得更多。例如宫泽贤治的童话以及小说中独特的拟声词营造出了一种独特的乡愁,那再现了与自然和谐相处的日本人的古老情感。

正如吉田谦好所指出的那样,日本的房屋结构中体现了如何度过高温多湿夏日的先人智慧。考虑到房屋的通风,开放型的纸拉门窗在夏天是必不可少的。这一点不难理解。日本的房屋首先要考虑通风,看怎样才凉快。相反,冬天烧炭火,只有火炉边才暖和。炎热与寒冷作为自然环境的一部分引入生活之中。

可以说,日本人通融无碍的思想是在与自然的接触中形成的。重视自然的布鲁诺·陶特(1880~1938 年)曾假定日本的住房是临时性的。坐在榻榻米上让人感觉是坐在地上,房屋也像是"风的通道",但那让人强烈感受到在自然中生活的日本人的智慧。

与日本的纸拉门窗文化形成鲜明对照的欧洲的玻璃窗文化将

外面的声音隔绝,形成了寂静的空间。如前所述,改造自然、确立以人类为中心的世界观,这是欧洲的传统。因此,欧洲人对声音敏感,道路、铁路噪音的标准也非常严格。来到日本的外国人甚至将铁路上的广播都视为噪音源,对之进行诟病。

第四章 欧洲的封闭性与日本的开放性

1 "走廊的发明"与独立房间的出现

从集体生活到独立房间

自远古开始,洞窟的入口就是窗户的替代品,这个开口部分是唯一能让光线照射进入的地方;再看牧民的帐篷,用来采光的缝隙也发挥着窗户的作用。因此,在古代开口部分就兼具入口与窗户的功能。此后,随着时间的推移,这两者按照使用目的的不同逐渐分化开来。正如上文所述,欧洲直到13~14世纪仍然在很小的开口部分张贴羊皮纸、油纸或者经过处理的家畜膀胱用以采光,至于能否开闭或者通风则并没有受到重视。房屋内部的生活环境,仅能勉强遮风避雨以让人生存下去。

即便在个人主义发源地欧洲,房屋中也并非从一开始就设有独立房间。直到中世纪,大多数居民仍然与家人、仆人们一起过着集体生活;在农村,人们甚至与牛、马、狗等家畜生活在一起。由于一家人共同使用卧室,过着集体生活,空间上没有分隔开来,所以那时候几乎不存在隐私。

在日常生活中,全家人围在客厅的餐桌旁吃饭是共同生活的出发点。中欧、北欧的纬度高于日本,冬季严寒,取暖是不可或缺的,但由于房屋的空间只够放一个烧柴的火炉或壁炉,因此人们聚在唯一有火炉的房间,并挤在一起睡觉,甚至利用共同生活的牛、马等动物的体温来取暖。

在朝圣途中,人们会到教会去睡通铺,这种基督教的集体生活方式也一直持续到了近代早期。因为社会意识的根源中还存在共同体的概念,人们并不觉得那有多么不自然。这一点无论是对修道院、行会成员还是对城市市民的生活而言,都是一样的。

睡觉的场所从中世纪昏暗的共用房间演变到独立卧室,可以说那是在欧洲进入近代以后才出现的。其前提是隐私意识的萌芽与自我意识的确立,人们开始回避他人的视线。当然,这其中也有身份等级带来的差异,在王侯贵族或是富裕豪商的家庭,共用空间与私人空间分化得较早,仆人、家庭成员与主人个人的活动空间逐渐区分开来。具体而言,仆人在地下室做事,睡在顶层的房间;而家庭成员则占据了1楼与2楼,并保证夫妇二人拥有独立房间。

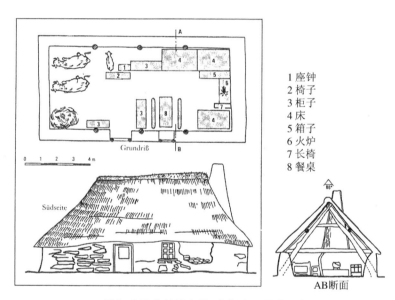

1 座钟
2 椅子
3 柜子
4 床
5 箱子
6 火炉
7 长椅
8 餐桌

14世纪法国农村的房屋,人与牛混住在一起
(Ariès, u. a. <Hrsg.>, *Geschte des privaten Lebens*.)

据说,文艺复兴正是缘于14世纪前后意大利北部托斯卡纳地区富裕贵族与商人的崛起。佛罗伦萨的美第奇家族不仅掌握了商业的实权,而且也掌握了政治权力,还成为了艺术家的资助者。另外,在威尼斯、热那亚等地,由于地中海贸易繁荣,意大利商人积蓄了财富与实力。到了15世纪前后,用平板玻璃组合而成的较为透

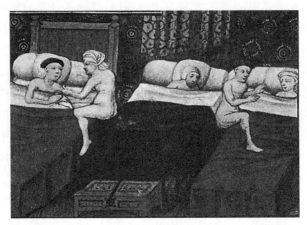

薄伽丘《十日谈》法文版插图（15世纪），图中人物裸睡

明的窗户终于不再为教堂所独有，这种窗户在富裕的资产阶级家庭也开始出现。如下图所示，为了保护财产，美第奇家族的府邸（宫殿）在一楼部分使用了坚固的防御结构和铁栅栏，而上层房屋的采光条件与以往的开口样式相比得到了极大的改善。不过这种玻璃窗在开闭之时无法像日本的纸拉窗一样整体移动，因此开口部分就不能做得太大。尽管如此，透过窗户玻璃射入的光线仍然使房间的气氛为之一变，那对人们的心情也有影响。较为明亮的房间提高了居住性能，促进了大房间向隔开的独立房间转化。

15世纪美第奇家族的府邸（宫殿）
（Dirhmeiner，〈Hrsg.〉，*Geschte des Wohnens.*）

众所周知,文艺复兴时期的人文学家们通过人类学研究提出了确立自我意识的要求,隐私的概念也随之出现。出于这种意识,人们不愿在人前暴露自己的动物性部分,如排泄、性、裸体等等。因此人们认为,作为共同居住空间的起居室、饭厅与不受人干扰的私密房间都是必要的。换言之,人们要求将使用目的各不相同的房间分别独立开来。

　　为了获得独立的房间,文艺复兴时代的意大利私人住宅设置了走廊。通过走廊,人们可以不经过其他房间而直接进入自己的独立房间。独立房间建造在房屋的中心部分,或是房屋的某一端,走廊就成了通道。通过这样的方式,可以很容易把饭厅、起居室、卧室分隔开来。

纽伦堡的民居,有院子和螺旋阶梯

　　除了在室内建造走廊使得房间独立以外,沙漠地带的东方建筑中常见的里院和螺旋阶梯也可以起到相同的作用。首先,欧洲的里院在意大利、西班牙的住宅和修道院的回廊中很常见,尤其在意大利的中层建筑中是必不可少的。在受到南欧文化影响的地区,作为便于防御的住宅形式,人们开始建造里院,并以之代替走廊的功能,在四周设立独立的房间。另外,螺旋阶梯也能通过不同的设计,保证提供互不干扰的独立房间。上页图就是建造于1510年的纽伦堡富裕市民家庭的房屋实例。

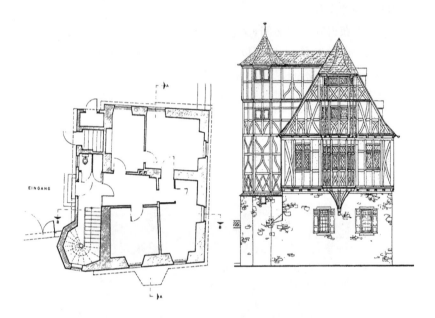

德国林堡贵族的府邸设计图(16世纪,平面图为1楼,省略2楼和地下室)
(Lippert, *Das Haus in der Stadt und das Haus im Haus*.)

　　发源于意大利的独立房间,此后普及到了英国、法国和德国。作为使用阶梯或走廊方式建造独立房间的一个例子,我们不妨看一张保存至今的房屋设计图。这是一幅16世纪的德国林堡贵族的宅邸图样,该处房屋至今依旧用于居住。1楼部分由坚固的石头建造,2楼以上为木结构。不难发现,防御是这处房屋建造时考虑的首要问题。从外表来观察,房屋装饰着德国传统的木结构纹样,这是一个显著的标志。窗户为纵向,比较小,装有分离式结构的玻璃,部分窗户凸出,屋顶上设有天窗,很是醒目。

　　推开南侧大门进入房屋内部,右手处有螺旋阶梯通往2楼,通往门的通道也起到了走廊的作用。因此,通道另一端的房间都成

「窗」的思想史

了独立空间。总而言之,外墙岩石的厚度不由得令人惊叹,房屋中当然也有在德国家庭常见的地下室。

登上 2 楼,走廊从螺旋阶梯处起呈字母 L 型延伸,右边是宽敞的起居室,左边像是用作做厨房和饭厅的房间。这样的布局方式与今天德国家庭的房屋也是相通的。随着独立房间的出现,室内的桌椅、床、沙发、备件都带上了个人的色彩,人们开始按不同的需求使用家具。

常有人称,欧洲的个人主义源自于独立房间的出现,我们不仅应当从独立房间这一居住的角度,还应该从其背后的思想进行思考,而将这些独立空间以及背后的思想联系起来的,就是欧洲的钥匙文化。那么,钥匙与个人主义又存在怎样的关联呢?

2　钥匙与封闭的文化

钥匙的文化

钥匙、锁与私密的个人空间有着密不可分的关联。在中世纪的欧洲,旋转式的暗锁(圆筒型锁的原型)保证了王侯贵族们财产与贵重物品的安全。此后,到了近代,这种锁逐渐普及到大众家中,无论是大门还是各个房间、橱柜、抽屉,人们都习惯上锁了。可以说,因为有钥匙、锁这些装置,人们才获得了属于自己的空间。

欧洲的独立房间普及于工业革命以后,尽管这种说法已成为定论,但在此前文艺复兴时代的意大利,托斯卡纳地区的贵族宅邸就已经建成了带锁的独立房间。一般认为,文艺复兴带来并确立了自我意识。在这个意义上,独立房间最早在意大利普及这一点不难理解。另外,在成功实现工业革命的英国,钥匙文化也较为发达,但普及到一般大众,则是 17 至 18 世纪的事了。

和辻哲郎在其《风土》一书中对于欧洲的房屋以及城市结构做了以下论述。

> 欧洲的房屋内部被分隔为一个个独立的房间,房屋之间是厚厚的墙壁和坚固的门,门上锁着精巧的锁,只有持有钥匙的人才可以自由出入。从原理上,只能说这是一个相互分隔

的结构。……因此,从房门走出来就等于在日本走出玄关。……与日本的玄关相当的是城门。因而,介于房间和城墙之间的房屋并没有太大的意义。人们都极其独立,相互保持距离,同时却又极为乐于交际,习惯于有距离的共同行动。

诚然,个人主义、钥匙文化的发达有赖于由坚固、厚实的墙壁以及被分隔开的独立房间。但是,由城墙包围着的城市结构也养成了人们的共同体意识,维护了个人与公共的平衡。在战争中城市遭到攻击,战败投降之际,要进行一个交接钥匙的仪式。钥匙几乎成为了统治的象征,因为人们认为钥匙的所有者掌握着权力。

钥匙文化对于思想也有很大的影响。一般而言,在欧洲,严格区分内部与外部的二元论思维方式决定着宗教、哲学、思想的基本结构,即使不能断言这直接源于同样区分内部与外部的钥匙文化,但这两者之间至少是有关联的。

全副武装的骑士(因斯布鲁克,1510 年,1511 年)
(Landesm useum Joanneum, *Welt aus Eisen*.)

全副武装的马，同上页图

　　和辻所说的内与外的概念，实际上恰恰产生于欧洲人的生活中，他们在历史上不断接触异民族，反复进行着掠夺、侵略、战争。简言之，钥匙文化是地理、水土条件共同作用的结果。以欧洲的盔甲为例，身体完全为铁所包裹，能够称为窗口的眼睛部分开口极小，因而视线不佳。欧洲人甚至给马也穿上了护具，眼睛部分的防御呈方格状，有如安装在窗户上的铁栅栏。这样的重装备来源于欧洲的防卫思想。

　　确实，由钥匙带来的个人主义与隐私概念，在确立自我意识与尊重个人这一层面上起到了积极作用。然而，个人主义所带来的强调自我的行为一旦过度，必将转化为利己主义。同时，钥匙也有可能使人走向孤立。可以说，钥匙文化也包含着让人们关闭心扉、自我封闭等消极面。

独立房间、墙壁与封锁

　　近代，欧洲人敏感地察觉到其所处时代的闭塞性，认为这是一个封闭在墙壁内的"没有出口"的世界。在文学作品中，如卡夫卡的《变形记》、陀思妥耶夫斯基的《地下室手记》所描写的正是"墙壁""疏远""孤立"这些现代人所面临的封闭感。可以说，这些作品描写的是独立房间与个人主义的消极面，而窗户则是与之相反的希望、自由的象征。

监狱、看守所是最典型的封闭空间。过去，重刑犯被关在塔或城堡里，处境极其悲惨，随时都可能被死神叫去。因为偷盗、伤人、杀人、通奸、堕胎、女巫等罪名被处死、监禁，对此不再举例赘述。监狱的窗口极小，并安装了牢固的铁栅栏，形同密室，根本就不可能越狱。尤其是女巫、18 世纪后反政府的政治犯、移民、犹太人以及吉普赛人等，其命运之悲惨是广为人知的。

建于柏林莫阿比特地区的监狱使用了"德意志骑士团"城塞中的"堞口、起伏的墙壁、中央瞭望塔"，四周的围墙对称，呈不规则的六边形。主要建筑高三层，四周排列着众多的独立房屋，呈张开的鸟翼状，有道路连接。窗户也尽可能开得小。

三个圆形区域是供犯人散步的院落，为了不让他们互相交谈，三块区域被分隔开来，呈放射状。中央的部分有一个较高的塔，装有玻璃窗，可以监视犯人放风散步的情况。更为奇异的是设在监狱中的教堂以及礼堂的结构。

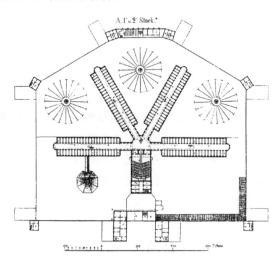

柏林监狱平面图（1849 年前后）
（Geist，*Das Berliner Miethaus 1740—1862.*）

监狱里被分割的座位（同上页图）

　　从传教的讲坛方向看去,正面上方有一架管风琴,犯人则坐在上下左右都被分隔开的席位上。这些犯人不要说与相熟的同伴交谈,甚至连对方的脸都看不到,他们只能看到对面的牧师和监狱的看守。

　　不仅在教堂,关押犯人的牢房也同样是被分隔开来的。首先来看一下犯人的单间牢房。理所当然,出入口的门是上了锁的,看守透过通道一方的猫眼来监视囚室内部。猫眼的下方有一个开口,用来传递食物、生活用品、劳动工具、书籍等。牢房大小是长4.08 米×宽 2.04 米,高度为 2.90 米,内部只有日用器具和吊床。很显然,从猫眼是看不到外面的。

　　以上不难看出,这座监狱彻底贯彻了隔离犯人的方针,严禁犯人之间相互沟通。就窗户而言,进入近代以来,住宅的窗户呈明显的扩大趋势,而监狱的窗户却越来越小,完全与时代的潮流背道而驰。

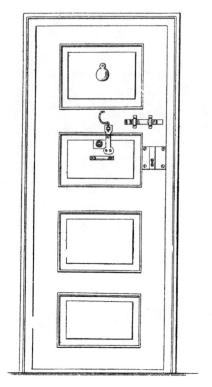

单间牢房的门
（Geist，*Das Berliner Miethaus 1740—1862.*）

3 日本住宅空间的开放性

多用途的住宅空间与生活文化

在日本的房屋内部，可以在榻榻米上使用矮桌、小饭桌、书桌、屏风等家具，当然还有被褥、坐垫、火盆等等。如上所述，为了通风，日式房屋在夏季可以拉开纸拉门窗、隔扇，而在村落集会或是举办仪式时甚至可以将那些东西取下来，这样就可以自如地改变房屋的空间。因此，一房多用就成了日本房屋的特征。此外，日本的房屋中还存在套廊和不用脱鞋行走的空间"土间"，还有屏风、门帘等可供人们自如通过的柔性缓冲物。与近代欧洲的那种独立房间或者钥匙文化完全不同，日本的房屋是不存在隐私的。

尽管如此,也并不是说日本的房屋就没有分隔。首先,从房屋的角度而言,滴雨水的屋檐就是房屋与外界的分隔线。再者,玄关则是分隔了内与外,门槛更是带有神圣感,是不能踩踏的。此外,神龛与壁龛自不待言,人们认为灶和井也是不可侵犯的地带。就这样,日本房屋中的不少区域在精神上,而不是在物理上被确定为禁区。

隔扇的装饰(笔者摄)

隔窗上的雕刻(笔者摄)

　　日本人建造房屋时极力排斥欧洲那种金碧辉煌的装饰,人们喜欢利用天然形状、纹理制作的门窗等,并自然地在格窗等处雕刻装饰，并以此为高雅。松、鹤等吉祥的图案是工匠们展示其高超技艺的绝好选择。无论是用表面褶皱的原木制作的壁龛立柱，还是沉甸甸的丝柏、黑亮的立柱，那些都充满质感，深受人们喜爱。因此，即使是在房屋内部，日本自古以来就重视木材带来的暖意，追求与自然浑然一体的感觉。

然而，日本的房屋主要适合夏季的生活，而对付冬季便有点捉襟见肘了。在日本西部地区多用火盆，中部、北部地区则主要用地炉取暖。与欧洲提高整个房间温度的思路不同，日本采取的是局部加热的做法。秋田地区有一个习俗，为了惩戒那些在家中地炉边烤火不愿工作的懒汉，人们会手持菜刀登门拜访。从这些传说中不难发现习俗与生活文化有着密不可分的联系。

在日本的家庭中，祖先、祖父母、父母、子女、孙辈这样的辈分序列导致了家族主义的产生，并使祖先崇拜牢不可破。进而，辛勤劳动被视为美德，而且是构筑村落共同体的纽带。正如人们所认为的那样，集体主义、家族主义这类古典的词汇体现了日本文化的本质。通过制裁那些步调不一、引起混乱的人，来保持社会的"和谐"。

这在近代就演变成了日本企业的核心思想，日企家族主义性质的终身雇佣制度为世人所熟知。家族主义成为了极为重要的共同体乃至社会的基干，可谓日本式共生思想的一大形态，而这种保守的特性也是由居住空间所导致的。

套廊的文化

过去，日本独门独户的住宅的四周一般由树篱、板壁包围。特别是修葺美观的树篱与房屋相映衬，体现了日本建筑之美。不过，近来用简便的水泥板做围墙的日式房屋多起来了。在欧美，界线较为自由，沟渠环绕的房屋几乎看不到。相比之下，日本却有建围墙的习惯，这又是什么缘故呢？

从历史上来看，在日本，建围墙的也只有城堡、寺庙和武士的宅邸，因为这些建筑都有防卫的需求。因此，与欧洲一样，建造的门是由外向内左右对开，这有利于防御。这种方式使得人们守城时可以通过上门闩、放置障碍物等方法抵御敌人推门的压力。武士阶级长条形宅邸所用的门的大小，还有式样是根据武士的俸禄高低来决定的。正如"一国一城之主"这种说法所表现的那样，直到明治时期以后，成功人士也要模仿过去的形式，盖房子时要建大门、围墙，这种传统就一直传承到了现在。

在日本传统的房屋中，套廊大多建于南侧，发挥着通道的作用，那同时也是晒太阳和做针线活的地方。客厅和套廊之间一般有纸拉门，可以自如地开闭。套廊较窄的部分不能避风雨，其内侧还有内廊，甚至还有可移动的部分。特别值得一提的是，人们在夏夜一般在廊下乘凉，颇为风雅。过去，占人口大多数的农民的家里一般都不关门，同村人可以自由出入，或者在廊下闲聊。"缘"这个字，正如缘起、结缘、亲缘、血缘、地缘等所表示的那样，意为人与人的相会。关于套廊的功能，加藤秀俊在其《习俗的社会学》一书中做了如下论述：

> 日本文化在这种中间领域形成了很有意思的哲学。比如，在日本的房屋中，有一处叫做套廊的部分，也曾经叫做湿廊。……由此就产生了一个有趣的问题，即套廊究竟是内部空间还是外部空间。坐在房间中看来，套廊处于榻榻米的延长线上。这样一来，显然应该是内部空间的一部分。但如果站在院子中间，则可以看到踏脚石，还有旁边的石灯笼，也有树木，而套廊似乎又成了院子的一部分。……也就是说，套廊是外部空间与内部空间相交的部分，按集合的理论，应该可以算作交集部分。

可以说，套廊既不是内部也不是外部，它具有开放的两面性。这与日本人灵活的思维方式和模糊性特征不无关系。李御宁在《从"包袱"解读日韩文化》一书中，将日本人灵活的思维方式比作"包袱"，而将欧美人的思维比作"行李箱"，很好地揭示了日本文化与欧洲文化一柔一刚的特性。

在小泉八云的《怪谈》中，没有耳朵的芳一就是在套廊遇到鬼魂的。可以说，这里是来自另一世界的灵魂与现实世界中的人互相交流的地方。在欧洲，人们曾经认为人世与另一世界的边境是城墙,而在日本,与另一世界的交流是在套廊进行。从这里可以看出物理性分隔与精神性分隔的不同。

石部宿驿的套廊(滋贺县湖南市)

　　与套廊密切相关的居住空间,也被视为日本文化的一大特色,对此已有不少研究。从比较文化的观点看,法国人奥古斯丁·伯格(Augustin Berque)的《空间的日本文化》很是出色。在这部著作中,作者分别阐述了玄关、套廊、借景、里屋,认为这是一组不存在物理性制约的空间。但实际上,巧妙设置空间的文化并不仅仅停留在居住空间这一个方面,其在日本的语言、音乐、礼仪、个人与集体的关系等方面都有体现。可以说,这与严格区分自我与他人的欧洲文化风格迥异。

　　日本人从套廊的方向凝视庭院的自然风光,眺望远处的借景,一直顺应着自然,与自然共生。然而,这样的套廊在日本现代的住宅中却几乎不见踪影,住宅空间演变成了以独立房间为代表的欧美式,平日大门紧闭,拒人于千里之外,这是个不争的事实。即使有些住宅有晒台,那也不同于套廊,那里不再是人们相会交流的场所,而是专属于个人或家庭成员的封闭空间。但话说回来,多年形成的传统生活习惯还是渗透到了日本人的思维方式之中,并不会在一朝一夕之间发生急剧改变。因此,套廊这一空间文化,仍将继续对现代日本人的精神结构起到决定性作用。

变样的日本住宅

上文对欧洲与日本的窗户进行了详细论述,指出欧洲使用石头与玻璃,日本使用木材与纸这样的材料,由此导致了日本与欧洲今天的差异,但并不等于说这些文化与思想就固定不变。正如前文所述,日本文化属于接受型,自古以来就毫无隔阂地灵活地吸收外国文化。明治维新以后,先人们积极引进欧美文化,这一点尤其为人们所熟知。

学建筑的纷纷出国留学,同时日本也聘请外国专家,引进了欧洲的建筑方式,政府建筑、银行、车站,凡此种种都渐渐地西化了起来。明治政府极力模仿外国文化,鹿鸣馆就是一个明证。但是,与明治时期的第一代人不同,以夏目漱石为代表的新一代知识分子在内心精神层面有过纠葛。如何吸收西方文化,怎样使其与日本传统文化相平衡,这个问题不仅存在于思想层面,而且存在于现实的生活文化之中。后世的谷崎润一郎 1933 年在《阴翳礼赞》开篇部分也曾写道:

今天,若是一个爱好建筑的人打算建一套纯日本风格的住宅来住,那么他必须对电路、煤气、水管的安装设计绞尽脑汁,想方设法使这些设施与日式房间协调起来。哪怕是没有亲手建造房屋经历的人,只要进一家日式餐馆或是旅馆,就往往能够发现这一点。……如果家人众多,且又居住在城市,那么不管他如何想建成日本风格,也是不可能排斥现代生活所必需的暖气、照明和卫生设施的。

谷崎所面对的便捷的西方生活文化与传统的日本文化之间的摩擦,也是日本在接受外国文化时的一个整体性问题。在日本近代化的过程中,受西方建筑风格影响最大的是起居室与厨房,这是最基本的生活空间。

起居室成为家庭成员日常团聚的场所,它代替了曾经特别隆重的空间日式客厅,居住文化的结构发生了重大转换。特别是第二次世界大战以后,人们呼吁改变男尊女卑、轻视女性的观念,在这种女权主义思想的影响下,女性也逐渐对房屋的空间结构有了发言权。在传统式样的日本住宅中,厨房一直位于昏暗且朝北的部分,这样不是十分卫生。在主妇们的要求下,厨房的采光得到改善,与起居室逐渐接近靠拢,并终于出现了一体化的趋势。

另外,在 20 世纪 30 年代,开始出现所谓"中央走廊式住宅"的空间结构,在住宅的中央部分设置走廊,建造独立的房间。这种方式一直流行到二战以后,是在欧美独立房间住宅思想影响下出现的东西方融合的一个实例。在经济高速增长时期的日本住宅公团建造的商品住宅以及其后出现的公寓型住宅中,一体化厨房得到了普及。日本的住宅建筑群日益高层化、混凝土化,并大量使用玻璃。日本的住宅转变为欧美式样确实存在很多有利之处,然而,这样的住宅结构忽视了气候、风土,暴露出了亟待解决的矛盾。住宅的变化改变了人们的生活方式,也使得日本人的社会甚至思想构造出现了改观。

现代日本的窗户文化

前文在对房屋开口部分进行比较时,已经着重谈及过日本与欧美文化的差异。如上所述,现代日本房屋的面貌已经发生了改变,以窗户和独立房间为中心的欧式空间结构占据了主流,取代了纸拉门窗、隔扇、榻榻米等传统配置的地位。在这一部分,主要想从玻璃窗户的角度来论述这个变化的问题。

现在已是玻璃窗户的全盛时期,纸拉门窗被玻璃窗户淘汰。在建筑上,无论是独门独户住宅还是公寓等高层住宅区,玻璃窗户都成了必需品。铝制框架内的玻璃窗户拓宽了人们的视野,并为室内提供了明亮的光线,而且遮风避雨的性能也很好。玻璃窗户还可以阻断能透过纸拉门窗传入的声音,在光线强烈的时候,还可以用窗帘来遮挡。

但正如前文提及过的那样,无论是传统房屋还是现代高层建筑,日本的窗户的主要开闭方式与纸拉门一样都是水平移动。日本的窗户之所以极少出现在欧洲占主流的左右对开方式或半开的方式,还是因为纸拉门窗文化的传统根深蒂固。另外,铁制或是铝制的防雨窗的开闭方式也同样是水平移动式的。在现代,市面上出售的一种仿纸型塑料拉门窗可以乱真。另外,还有日本的建筑

窗外雪景

师把纸拉窗与玻璃窗户组合起来，在纸拉窗上安装一部分可以开闭的玻璃窗户，创造出了东西融合的房间。然而日本人终究对于传统风格的房间难以割舍，因此在一部分住宅中拉门窗还是保留下来了。

由于湿气较重，随着窗户玻璃的使用与暖气装置、空调的普及，日本遇到了一个意想不到的问题，那就是窗户结霜。在冬季，由于室外与室内存在温差，窗户上会凝结水汽。但在日本，这种现象不仅在冬季，在夏季也会出现。夏季窗户上的水汽会带来霉变问题。可以说，这正是引进欧洲文化时忽视日本气候条件而导致的结果。与日本相比欧洲雨水较少，气候干燥，不必考虑结霜的问题。

日本房屋环境的西化也给日本人的自然观带来了变化，钝化了他们对于季节交替的那种细腻情感。那是因为西化的环境阻隔了日本人的人际关系以及人与自然的联系。日本的房屋确实发生了急剧的变化，即使在夏季房间有时也关得严严实实，窗户的功能与以前大不相同。

但话说回来，在根本上改变日本传统房屋气氛的是电灯。其中特别是日光灯的普及改变了人们对于光的感觉，影响极大。人们热切地盼望光明，纷纷被日光灯吸引。在日本，人们习惯了月光，因此对日光灯丝毫没有不协调感。而且，为了照亮整个房间，日光灯往往被吊装在天花板上。这样一来，使用直接光线照明的方式在日本变得习以为常，但失去的东西也很多。传统的幽玄世界、微光下的日式情调都不见踪影了。

在这一点上，日本人与欧洲人完全不同，欧洲人没有赏月的文化，对于日光灯的光线并不适应。他们还是偏爱白炽灯，而且看重当年油灯的那种感觉。欧洲人通过间接照明或是局部照明的方式维护着他们的传统气氛，而不会照亮整个房间。无论是住宿在欧洲的宾馆，还是造访欧洲的家庭，都可以实际体会到这种在照明上的区别。欧美与日本的文化差异就是这样根深蒂固。

第五章　窗边的风景

1　欧洲的城市风景

中世纪城市与脱离土地现象

从中世纪的 12 世纪前后开始，就出现了人口从农村向城市转移这种社会现象，自耕农还有那些被束缚在土地上的农奴也都纷纷放弃农业，相信"城市的空气会给人带来自由"。这显然是一种对土地的离弃，是人与自然的背离。

生活在城市的人脱离自然的现象尤为显著，作为代替品，哥特式大教堂内石柱林立，逼真地再现了森林。人们在这种宗教气氛中重新体验自然。另外，城市里建造起了人工的公园，再现了自然中的树木、花草。自从欧洲中世纪开始，对于自然的人工改造逐渐频繁起来。当然，留在农村的农民也开发出了轮锄，在开垦森林的同时，通过三圃式农业提高了产量，养活着城市人口。就这样，12至 13 世纪以来，人类的活动变得活跃，欧洲社会由此迎来了转型期。

在这个时期，欧洲出现了很多城市，这是城市共同体形成的契机，但人口集中在狭小的城市空间，引发了诸如贫富分化等城市问题。拆除、扩建城墙在当时是大工程，因此当城市有限的空间无法容纳更多的市民时，除了加高住宅高度外也就别无他法了。

例如，从下页的 1493 年纽伦堡最早的城市图中可以看到，四周有城墙环绕，出入只能够通过几个城门。可以发现，城郭和塔自

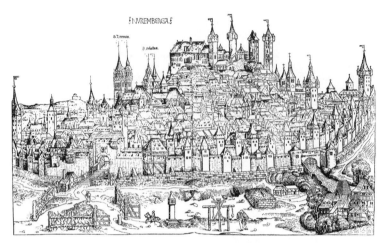

城墙环绕的纽伦堡（1493 年）

不待言，住宅的垂直高度也已经得到提高。城墙之外是用于放牧的草地或者农耕用地，正下方是刑场，还描画着绞刑架。

像这样，从中世纪一直到近代，城市首先是通过在垂直方向提高建筑高度的办法来容纳更多人口。当时已经开始出现五六层高的建筑。那些移民到城市的人由于已不再从事农业生产，因此并不留恋土地。在住房问题上，人们自然而然地接受了脱离土地的现实。在城市居民中，贫困者一般都居住在房屋的高层，或是靠近屋顶的阁楼。尽管不能断言在集体住宅中上下楼层的人们不存在贫富差距，但城市居民毕竟都积蓄了一定程度的财富，足以保证他们在城墙范围内拥有一个住处。然而，最下层的民众却无可奈何地要被赶至城墙以外，不得不在窝棚中度日。

广场是市民聚集的中心地带，因此面向广场的建筑都对外观进行了美化，形成了由山形墙上的人字板、木构件建筑、露台、路边货摊、房屋外立面交织而成的风景，还形成了在窗边装饰鲜花的习惯，这些在市民生活中是不可或缺的。城市的内部缺乏自然景观，因此人们竞相栽种行道树，建设公园，这些要素相辅相成，形成了城市景观。

比如，玛丽安的地图描绘了 1628 年法兰克福美因河畔的局部。这是一张修道院塔周边的鸟瞰图，中央部分呈弓状弯曲的是

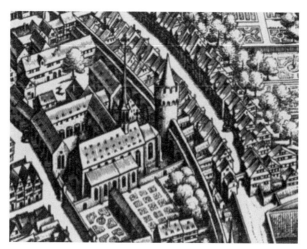

法兰克福美因河畔的风景（1628年）

城墙,左侧是市区。靠近城墙右侧的是面向道路分成两列的四五层楼高的住宅。在图中,一个住宅密集林立的地区清晰可见,这就是所谓的城墙以外的犹太人区,那里设有城门,犹太人的出入甚至散步都受到限制。虽然是一个人口密集的城市,但从图上也可以看出城墙内外都有人工建造的公园。

城市的扩大

近代早期的城市,由于人口不断增加,难以容纳所有市民,城市不仅在垂直方向,而且在水平方向上也作了扩大。尽管需要巨额资金,但仍然多次扩建城墙,使城市得到了发展,但这样做毕竟是有限度的。因此,城市的参事会议试图通过向东方、向海外移民以削减人口。对于移民而言,外面是一个"新天地",他们盼望在那里获得成功。从结果来说,这就成为欧洲输出型文化的动力源。

像这样,从城市的角度我们也能解读出欧洲的输出型文化结构。最终,伴随枪炮等武器的发达,城墙的作用减弱消失,并逐渐被拆除。城市扩张痕迹最为明显的是维也纳,以往的城墙后来演变成了环状道路。

幸运的是,欧洲几乎没有发生过地震,这一点不同于日本。因此,不管是木结构还是石结构、砖瓦结构,都不用考虑横向摇摆的问题。建筑的高层化从技术角度而言并不十分困难，要做到垂直上升，首先不可缺少的是阶梯。阶梯分为建造在屋内与屋外的两种，在木结构的宅邸，人们最喜欢使用的是环形螺旋阶梯，其优雅的设计成了地位的象征。其情形从这幅 14 至 15 世纪富裕市民家庭的阶梯图中可见一斑。

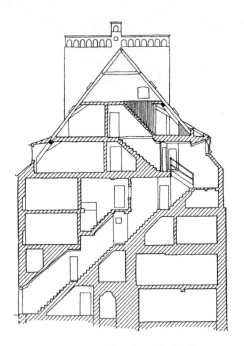

慕尼黑富裕市民的房屋，阶梯一直延伸到阁楼（14～15 世纪）
（Dirlmeiner〈Hrsg.〉, *Geschiche des wohnens.*）

随着城市垂直化的发展，窗户和阳台的作用进一步增大。中世纪的窗户相当小，因为要开得很大不容易。但随着玻璃制造技术的进步，除了教堂以外，市民的家中也逐渐用上了比较高的长方形窗户，这成为了欧洲窗户的原型。同时需要说明的是，这种窗户的开闭方式是上下移动式或者旋转式。当然，天窗之类当中也有不能开关的，那只用来采光。

建筑高层化的结果，使城市居民的视线出现了新的变化，即自上而下的俯视。这是一种对王侯贵族、宗教神职人员视野的追随，与欧洲的等级社会是平行的。究其原因，是因为欧洲社会已通过

「窗」的思想史

封建制度建立了一套金字塔式的等级关系，而罗马天主教会也按同样模式形成了一种纵向关系。

一般认为，欧洲人重视他人视线的这一点，与其市民的共同体意识、村民的乡土意识密切相关。人们主张依照法律统一城市外观，维护居住环境。作为城市的一员，市民的自觉性是产生这种共同体连带意识的一大要因。欧洲人就这样凭借智慧回避了个人主义、利己主义的消极因素。

举例来说，正因为过去德国的城市法律要求保护木结构建筑的外观，所以其传统一直保存至今。在老城区的中心地带，一些木结构的建筑留存了下来。下图是德国奥博阿梅尔高的一处民居，墙壁上还描画了童话中的场景。尽管这处建筑属于私人所有，但外观却是属于市民的公共财产。正是取悦大众的心理孕育了这样的文化。

德国南部奥博阿梅尔高的民居，外墙上画着《红头巾》的场景（笔者摄）

不仅城市的建筑，地方的村庄也是一样的。尤其令人印象深刻的是位于德国南部、瑞士的田园地带的房屋，阳台的窗边总是装点着鲜花。今天，人们要是在夏季去欧洲阿尔卑斯或是蒂罗尔山脉地区，就能看到在窗边盛开的天竺葵，红花在绿叶和蓝天的掩映下形成美妙的对比。据说，天竺葵具有除虫的效果，因而深受欧洲人喜爱。在窗边装饰鲜花是欧洲人外景意识的一个典型例证，欧洲民居对外观十分考究，这一点是日本民居远远不及的。

城市的"公共空间"

　　欧洲的房屋原则上都不建围墙。有时可能会种上一些植物作为栅栏,几乎看不到日本常见的土墙、板墙、水泥围墙。只要研究一下中世纪城市的结构,其原因就会一目了然。在前文中就已反复指出,那是因为环绕着城市的城墙在过去起到了围墙的作用,因而没有必要在房屋的四周再建围墙。在城墙的内部,市民们形成一个命运共同体,相互协作,浑然一体,生活上不存在物理性分隔。因此,每个人对于自己管理范围内的落叶、积雪等都分片包干。

奥博阿梅尔高的餐厅窗台上种满了鲜花(笔者摄)

　　一到夏天,欧洲人就喜欢在室外进餐。人们在院中或露台上,在日光下和风中享受美食。即使是在饭馆或者咖啡店,露台等室外的席位也是最受欢迎的,这种饮食习惯适合室外蚊虫少的环境。日本夏季酷热,害虫多,不适合在室外用餐。那么,欧洲人究竟为什么如此钟爱在露台或路边用餐呢?这固然是因为欧洲人喜好日光浴、喜好开放性的空间,但其原因并不止这些。他们一边用餐,一边观望着大街上来来往往的人群,喜欢享受这种戏剧性。从窗边远眺大街或是广场,可以说那也是一种视觉上的交流。

　　哈贝马斯所用的"公共空间"一词是指城市的广场,那是人们互相接触的场所。而研讨会(forum)一词原本是古罗马广场的意思。确实,广场这种地方有时也会让人们擦肩而过,甚至使人产生

法兰克福的集市（笔者摄）

独在异乡为异客一样的孤独感。但那里毕竟是一个与集会、集团密切相关的舞台。这里有公用的泉水，城里的主妇们过去一般都去那里汲水。人们在井边闲聊来交换信息。欧洲的城市留下了浓厚的中世纪色彩，很多方面可以使人联想起过去的生活。即使是现在，意大利人也常常在傍晚时分三三五五地集中到广场，谈笑一番以后再各自散去。

此外，广场也是近郊农民销售蔬菜水果的地方，还是街头艺人表演技艺的场所。到了近现代，广场更是成为了政治运动的舞台，供人们发泄淤积在心中的不满，游行、集会、讨论都在这里进行。

除此以外，狂欢节、圣马丁节、行会节、圣诞市场等也主要在集市广场举办。城市的节日活动以广场为中心展开。可以说，这些非日常性的节日活动增强了人们共同生活的凝聚力。正如"圣诞节休战"那样，节日活动的出发点是爱好和平。这些传统至今仍保留在欧洲的城市之中。

作为风景的窗户

在喜爱垂直的欧洲建筑中，窗户往往被做成纵向的长方形。为了方便居民们从房间中透过窗户向外观望，设计时考虑了人在窗边站立的位置，玻璃窗的下沿一般距离地板 80 至 90 厘米以上。

漫步在欧洲的城市，常常能看到上了年纪的女性凭窗伫立，这种光景在日本几乎是难得一见的。她们在窗边长时间凝望着街景，呈现出一丝孤独感，使人们的心境也不禁悲凉起来。显然，她们见惯了室内静态的布局，想用室外的动态风景改变一下心情。窗户的存在使她们对值得回忆的过去、对时日无多的人生，都含着一丝希望。在公园的长椅上也能看到类似的情景，这本身就成为了城市风光的一个定格。

捷克的隆斯佩格城堡（笔者摄）

提起窗边的女性，笔者不由想起了青山光子（1874～1941年），这是一位美丽的日本女性，明治后期与奥匈帝国伯爵海恩里希·库登霍夫·卡勒基（Heinrich Coudenhove-Kalergi，1859～1906年）结婚。她丈夫作为奥匈帝国驻日本代理公使来到日本，婚后不久就接到回国命令。光子陪同丈夫回到了其居住的波西米亚隆斯佩格（Ronsperg）城堡。但在城堡里住下以后，丈夫却早早亡故，据说光子难以抑制思乡之情，常常凭窗远眺长空，涕泪交集。

笔者曾于2010年8月访问了光子与她的子女们曾经生活的地方。城堡现已荒废，无人居住，仍然静静地矗立在一处平缓丘陵地带的小土坡上。如照片所示，今天我们探访这个荒凉城堡，无论是

光子或许曾经站着这里眺望（笔者摄）

在其四周，还是在城堡内的各个房间、礼拜间、厨房，都能深切体会到光子当年充满乡愁的心情。

笔者向窗外眺望了波西米亚的草原与天空，这是当年光子曾经见过的风景。对于她而言，从窗户映入眼帘的景象能令人联想到日本的风貌，是能够得到慰藉的微弱的希望之源。也许正相反，这里的风景加剧了她的悲伤也未可知。尽管丈夫早逝，光子却一次都没有回到过日本，最终客死他乡。通过电视剧、小说、音乐剧，这个故事广为人知，但实际站在窗边重新体验光子的心情，仍然令人百感交集。

窗户周边的露台、阳台，是欧洲建筑不可或缺的外部构造，实际上这些部分原本是为了装饰鲜花等物品而设计的，也是18世纪以后欧洲建筑的重点。在现代日本的高层住宅，阳台基本上成了必需品，几乎所有建筑都有阳台。最近，阳台上的迷你菜园很受欢迎，对于远离土地生活在高层建筑中的人们而言，可以说这是一处为数不多的能接近自然的空间。

在日本，阳台是一个很好的晾晒场所，人们普遍认为晒衣服、晒被子有利健康。但在德国，却有明文禁止在阳台上晾晒衣物，原因是有损城市景观。而到了意大利南部地区，晾晒又成了理所当然之事，常常能看到绳子上挂满衣物的情况，有如军舰挂满旗一般，要制止这种行为十分困难。窗边的风景与国民性的差异、城市的发达程度息息相关，即使同是欧洲也存在差异。

2　绘画中的窗户

尼德兰的绘画

在欧洲的绘画中，窗边的风景一直是一个重要题材，因为窗户具有象征意义。比如，佛兰德斯画家罗吉尔·凡·德尔·维登（约1399～1464年）在1440年前后创作的作品《给圣母画像的圣路加》，画中的圣母怀抱幼年的耶稣坐在窗边。

圣母被画在左侧，与纹章学的说法相同，这意味着人物反过来在图中位于右侧。欧洲人认为右侧是正义的一方，并且以右为尊，因此这幅作品暗示圣母是一位神圣的人物。在画的中间部分，有一个分成三块的窗，表示三位一体。窗户的背景中有一对像是夫妇的男女，他们在眺望明亮的天空与大河，这暗示了耶稣的未来。另外，身着红色长袍正在写生的是圣路加，但一般也解释为象征着画家本人。画中渗透出对于基督教虔诚的信仰。

《给圣母画像的圣路加》（凡·德尔·维登作）

《窗前读信的少女》(维米尔作)

　　另一幅是著名画家维米尔(1632～1675年)作于1658年前后的《窗前读信的少女》。玻璃窗户向内侧打开,从左侧入射的光线聚焦在中间位置的少女身上。按透视法,画中的少女视线集中在一点。在维米尔的构图中,窗户和光源在左侧。人们推测,这忠实再现了画家家中(画室)从北侧窗户间接射入的光线。如果仍按照欧洲纹章学的解释,则画面的左右应当反转,左侧即右侧,因此在笔者个人看来,画中的左侧即现实中的右侧。这样想来,光源来自左侧就可以说得通了。事实上,无论是通晓纹章学的德国画家丢勒在《书斋中的圣希罗宁姆斯》一书中的窗户构图,还是尼德兰画家扬·凡·艾克等人的作品,也都是这样的。

　　维米尔画中的少女看起来忠厚老实,她所阅读的信件也许来自恋人,几乎已经读到了信件的末尾。开放的窗户看起来仿佛暗示着她对于爱情的憧憬和对将来的期盼,因为窗户意味着未来的希望。但仔细观察画面,就会发现床上放着苹果,那是爱欲的象征。窗户在墙壁上留下影子,窗户上缠绕着红色的窗帘。此外,画面下方的床单未经整理,皱巴巴的,这些都暗示了爱情的前景和爱欲。再者,少女踌躇的表情暗示着她对今后爱情的发展抱有一种矛盾心理,希望与不安相互交织。可以断言,维米尔通过光影、浓淡与色彩,形象地表现了世俗的恋爱这一主题。

如果对《与绅士喝葡萄酒的女子》(《葡萄酒杯》,完成于1658～1660年间)这幅作品进行观察,上述解释将更为明白易懂。首先,这幅画的光源也在左侧,来自半开着的旋转式彩画玻璃窗。这种光线意味着神圣,与此相对应的是戴着黑帽子的男子,他被看做恶魔的象征。画中清晰地描绘着他正在诱惑女子的情景。喝葡萄酒的女性、象征爱的鲁特琴、墙壁上挂着的发黑的风景画,诸如此类都揭示了画中的两人已坠入爱河。

《与绅士喝葡萄酒的少女》(维米尔作)

维米尔在构图时喜欢采用从左侧窗户入射光线,在其最著名的作品《戴珍珠耳环的少女》中,尽管没有窗户,但光线却在黑暗的背景中由左侧射入,令人感觉在这光线入射的一瞬间看到了少女的容颜。如上所述,维米尔作品中所画的窗都是光源,这里既反映了神的恩宠,同时也与世俗中人们的爱欲世界形成了对照。另外,我们还可以这样来解释:自基督教世俗化以来,尽管窗口受到了上帝的恩宠,但也存在消极的一面,因为恶魔的私语也会从窗户侵入。画家通过其描绘对象和构图技巧,投射出了自己的世界观,并引导鉴赏者那样去解读。

欧洲的玻璃原本就追求透明性,这与其思想密不可分,欧洲人容不下含糊不清的概念。刚才提到,从窗口射入的光线原本是上帝的恩宠,相反窗户也是负面事物出入的途径。比如,关于窗户的形象,就有一些负面的传说。德国民俗学的典籍就记载了一条旧俗,当家中有人逝世时,为了不让灵魂留在家中,人们会暂时打开窗户;而葬礼完成以后,为了防止灵魂返回,家中则会将窗户紧紧关闭起来。这是因为,人们认为窗户不仅可以供神出入,也可能成为恶魔的出入口。

3 日本的窗边风景

日本窗户的布局

日本建筑中的窗户较为简单朴素,有格子窗、花棂窗等多个种类。在普通人家,窗户一般与建筑或房间的形状协调,呈直线型,以长方形和正方形为主。这样,窗户就与建筑融为一体。建筑家伊东忠太、岸田日出刀等人对窗户进行了分类,认为直线型窗户来自日本自古以来的神社建筑,而曲线型则来源于外来的寺庙建筑。直线型窗户在日本随处可见。因此,下面只谈在日本属于例外的曲线型窗户。

山田幸一主编的《窗的故事》中讲述了日本窗户的历史与种类,并记载了大量相关轶闻。关于窗户的布局,在此想介绍该书中的"火头窗"与"圆窗"这两种颇为有趣的式样。首先,在形状上很少见的是一种名为"火头窗"(也称花头窗、火灯窗)的窗户。正如

京都南禅寺的"火头窗"

图片所示,这种窗户呈抽象的火焰形状,来自中国,所以也叫做唐窗。这种窗户最初出现在禅宗寺院,后来逐渐扩大到所有寺院和城郭。然而,由于建筑最怕火烛,因此有时也用"华"或是"花"字来代替名称中的"火"字。

火头窗左右对称,带有向下逐渐展开的弧度,传递着一种在宗教上追求安详的心境。它不同于日本原有窗户的简单结构,对制作技术有较高的要求。这种窗户在寺院很是引人注目,使人强烈感受到静与动的和谐美感。说起来,应该可以称之为日本式的巴洛克窗户。

至于圆窗,那在一般民家难得一见,它往往出现在风雅的茶室。另外禅寺有时也使用圆窗,因为圆形带有宗教色彩。尽管圆窗的结构极为简单,但依然令人印象深刻,成为房间的重要点缀。需要指出的是,在这类窗户中,也有略呈椭圆状的,并非都是正圆形。也许这种椭圆窗更有资格被称为真正意义上的巴洛克风格。

欧洲的玫瑰窗与哥特式建筑原本并不兼容,在日本的长方形的建筑中融入圆窗也同样不容易做到。这种尝试一旦成功,就会成为经典的布局。人们明确意识到这一点,首先是在重视解脱、力求放松的茶室进行尝试。这是因为,自千利休以来茶会都在较小的房间里举行,在茶室的布局上,窗户的设计和采光的因素变得尤为重要。

京都东福寺芬陀院的圆窗

「窗」的思想史

以上提及了两种例外的窗户。实际上，包括这两者在内，日本的窗户都较为简单朴素，不像欧洲那样使用彩画玻璃和华丽的装饰。诚然如上文所述，由于受平安时代佛教的影响，日本也存在华美的贵族宫廷文化，但镰仓时代的东方武士却与贵族截然相反，他们追求的是简单、节约和质朴刚毅。此后，室町时代的部分文化人又将武士的质朴文化发展到了极致，产生了追求虚无境界的潮流。

正因为如此，就连可称为日本巴洛克样式的火头窗和圆窗也同样简单，去除了多余的部分。这与枯山水庭院、水墨画的境界以及禅的思想都是相通的。由此而言，窗户的文化同样也受到了佛教文化的极大影响。

纸拉门窗与赏月宴

与欧洲人不同，日本人格外喜爱月亮、月光。新月、满月之夜、上弦月、下弦月等与月相关的词汇在日语中很多。由于阴历适合农耕礼仪，在 1872 年（明治五年）引入阳历以前，日本原来一直使用按月盈月亏编制的阴历。《日本书纪》中记载着月神掌管着月亮的盈亏，日本各地供奉月神的神社约多达 80 座左右。对于人们而言，月亮虽然贴近生活，却带有神秘感。

著名的《竹取物语》讲述的就是贵公子向来自月亮的女孩辉夜姬求婚的故事。女孩对来求婚的贵公子提出了极其苛刻的要求，并最终回绝了他们，最后，辉夜姬飞过那些人的头顶，回到月亮上去了。这个情节很好地体现了古老的"走婚"的形式，也反映了人们对于来自月亮的异界高贵女子辉夜姬那可望而不可即的无限憧憬。同时，作为异界的月亮，也是引人幻想的特殊世界。在这些的背后，是月亮所带有的魔力，月亮通过其盈亏执掌着月经、潮起潮落、人的诞生等等世上包罗万象的事物，人们对此充满敬畏之情。

受此传统的影响，中秋赏月的活动极为盛行。人们一般在农历八月十五、九月十三的夜晚摆上芒草、芋头和米粉团子，坐在廊下欣赏月光。这也说明了日本的纸拉门窗、套廊与赏月文化密切相关。月下的饮宴原本是农民向神明感谢丰收的一种形式，后来扩展到了喜爱风雅的宫廷之中，并成为日本的传统习俗。尤其是在秋高气爽的时节，空气干燥、万里无云，能见度高，最适于赏月。

赏月时的供品

日本的贵族、当权者们执著于建造用于赏月的建筑和庭院。宫元健次在《月亮与日本建筑》中曾详细描述了相关的具体事例，如桂离宫、伏见城、银阁寺与月亮的关系。桂离宫和伏见城的建造者分别是八条宫智仁亲王和丰臣秀吉，两处建筑都倾注着他们对月亮的神往。另外，传说室町幕府第八代将军足利义政也十分喜爱月亮，他建造的银阁寺原本是用作赏月的阁楼。2010 年 10 月 9 日，NHK 还播放了《银阁，梦幻的月之宫殿》，引起了人们的关注。

节目讲述了当时月亮的运行与建筑的关系，并展现了原建筑的复原想象图，令人兴致盎然。月亮的世界具有引人入胜的魔力，观众从这个节目也可以体会到将军对月亮有何等迷恋。这一切都是因为政治这一现实太令人迷茫的缘故。

在欧洲，并非没有将月光与浪漫联系起来的事例，但由于会使人联想起疯狂或是凶狠的形象，总的来看，月亮的形象在欧洲与日本相去甚远。这种差异在本质上可以说是由不同的宗教观和世界观带来的。

作为自然缩影的庭院

寺院以及大户人家的庭院模仿自然景致，在有限的空间内重现着自然。这其中包含着一种缩小了的宇宙观。房主、造园师选取有象征性的自然造型，想要在庭院的空间里形成一个与自然一体的理想型的小宇宙。

比如，院中随意铺设的石板、假山、河流、瀑布、小桥、池塘、溪流、低矮的树木、苔藓、含苞待放的花朵，尽管每个看上去都像是无心之作，但无一例外能令人强烈感受到季节的推移。春天的嫩芽、鲜花；夏天的蝉鸣、虫声；秋天的月色、落叶；冬天枯萎的庭院、雪景，园艺师在庭院中凝练的雅趣，足以令人感觉到自然的变迁。

在庭院的自然中，毫不起眼的苔藓尤为受人青睐，这是因为人们注重观察地面、岩缝以及树荫下的微观世界。那象征着沧桑，同时孕育了与湿润气候密切相关的日本润泽的审美意识。苔藓悠然地融合在树木、岩石以及大地之间，令人感受到园艺师们一手创造的庭院的细腻美。

庭院空间要避免人工作业的痕迹，同时又为了能够观赏自然景致，因此设计了看似随意的小径和有间隔的踏脚石。为数不多的树木经过反复修剪，历经多年依然低矮，但又显示出其独特的存在感。远方的借景是由庭院到大自然流畅的过渡，体现出连续性。顾名思义，借景就是从自然中借用一部分。欣赏借景也就是观赏自然，这是一种日本模式。

被称为枯山水的寺庙庭院对自然的艺术变形更为彻底。据说枯山水是由南北朝时代的天龙寺禅僧梦窗疏石开创的。在最具代表性的龙安寺的枯山水庭院"方丈庭"中只有砂石，那是在追求一种将水、树等一切自然事物都去除在外的世界。松冈正刚把那叫做"负庭院"，认为通过可以归零的"减法"从院中感受假想的无限宇宙（参见松冈正刚《闲寂、风雅、余白》）。枯山水与禅、茶道、能乐、弓道等日本传统的求道精神是相通的，是人们对自己内心世界的探求。

由于土地狭小，日本传统的独门独户住宅虽然带有院子，但一般面积较小。院中放置的盆景可以看做是大自然的延伸。尽管盆

龙安寺的枯山水

景只能算个模型，却也自成天地，是大自然极小的缩影。人们根据这个浓缩的小天地，在意识中解读宏大的宇宙。在这个天人合一的世界观背后，是自古传承的泛灵论的精神。

　　由上可知，与欧洲人不同，日本人没有建造常见于欧洲宫殿的庞大人工园林，没有建造显示人类力量的喷泉，也不追求对称的几何学图案，而欧洲的当权者们却在改造着自然，追求扩大、上升、华美的世界。欧洲与日本自然观的差异源于不同的审美意识与文化结构，因此也就无需探讨孰优孰劣。

第六章　窗户的风俗史

1　欧洲的窗户与性风俗

窗边的女性

　　根据古希腊神话记载，迈锡尼国王的女儿阿尔克墨涅是一个品行端正的美貌女子。好色的宙斯向她求爱，但她坚决不愿屈从。阿尔克墨涅的未婚夫（一说丈夫）安菲特律翁此时正为了报仇在外出征。于是宙斯想出一条计策，他化身为安菲特律翁的模样，如愿以偿地偷偷上了阿尔克墨涅的床，并且处心积虑地命令夜神倪克斯将夜晚延长三倍，以推迟安菲特律翁的归期。等到天光终于大

宙斯（右）与安菲特律翁（左）争夺阿尔克默涅
(Selbmann, *Eine Kulturgeschichte des Fensters*.)

亮以后，安菲特律翁才得以归来。他正想用梯子进入阿尔克墨涅单独的房间，却迎面遇上了宙斯。阿尔克墨涅与宙斯生下的男孩，名叫赫拉克勒斯。

上述古希腊神话中的情景，成为了公元前 350 年前后一个壶的图案。图案采用了漫画手法，中央上部窗中的女性是阿尔克墨涅，右侧是宙斯的化身，左侧手拿梯子的男子是安菲特律翁。男性觊觎窗边女性的情节，早在上古神话时代就已存在，并成为欧洲神话和文学的题材。此时把女性角色画在上部的做法，已经暗示了此后一系列描写窗边女性的作品的位置关系。

但是，窗边女性与男性的构图要到中世纪骑士精神全盛的时代才开始大量出现。骑士精神发源于 12 世纪左右的法国南部普罗旺斯地区，并由吟游诗人传递到欧洲各地的宫廷。骑士为了所爱的女性历尽千辛万苦的情节引起了宫中人的兴趣。其中最关键的人物是身为普瓦蒂埃伯爵、阿坤廷公爵的纪尧姆九世（1071～1126 年）。国王以精神恋爱为理想，提倡骑士精神。据说这与当时迅速蔓延的圣母玛利亚信仰有很大的关系。同时也因为在那个父系权威强盛的时代，如果不提倡骑士精神，就很难对女性表白爱恋。

这种对身份高贵的已婚贵妇人的爱慕，可以说对当时法德英奥等欧洲国家的恋爱产生了很大的影响。当时有很多表现骑士精神的故事都描述了男性救出被囚禁女性的情节。男性在拯救女性时不能从紧闭的城门或大门进入，因此攀爬墙壁从狭小窗户进入房间的情景就被大书特书起来。这种伴随着高度危险的行为表明了爱的深切，被认为是骑士的荣誉。

下页图中描绘的是著名的海德堡版宫廷恋爱诗人推崇的骑士故事。画中女性手持花环，从这一点来看，描绘的应该是她向骑士献花。想必骑士是在马上枪法比试中获胜了。画中的骑士攀爬窗户时使用了梯子。其实，除了梯子以外，在建造大教堂时为了搬运建材，带滑轮的吊车也已经实际投入运用，海德堡版中也有骑士利用吊车爬窗户的图画。顺便提一下，使用梯子上下的这种垂直运动，反映了基督教对上帝的信奉，也是在下文中将提及的童话故事《长发公主》的主题。

Gnue kaf von Toggenburg:

骑士用梯子爬上窗户

在莎士比亚的《罗密欧与朱丽叶》中,罗密欧与朱丽叶在朱丽叶的凯普莱特家族住处互相倾吐爱意是很有名的一个场景。作为朱丽叶家原型的建筑至今仍保留在意大利的维罗纳。罗密欧抬头看凯普莱蒂家的阳台,发现房间亮着灯。当他呼唤朱丽叶名字的时候,从阳台方向传来了朱丽叶的应答声。

由此可知,在这个悲剧中,窗边的阳台对恋爱起到了重要的作用。维罗纳的"朱丽叶之家"是著名的观光景点,至今游人不绝。尽管那里作为剧作的原型场景吸引着游客,但其实没有事实依据。其中的道理无需赘言,这部作品只是莎士比亚的艺术创作罢了。

在近代,一家人出入的大门是固定的,并且锁得紧紧的,在家规森严的 19 世纪前的家长制时代,入口的钥匙一直是由家长或女

"朱丽叶之家"的阳台

主人管理的。男性从窗口潜入女孩的房间,双方幽会的场景就多发生在这种家规森严的家庭中。对于女孩或夫人而言,窗户是唯一通往外界的出入口。她们站在窗口望穿秋水,梦想着爱慕自己的恋人出现。

为了防止男性侵入,从安全性考虑一般都将女性的房屋设在二楼以上。因此男性只得利用梯子爬上窗口,或是借助绳索上下。在下文将介绍的日本的夜晚私通习俗中,由于是平房,侵入的手法也是平面形的,这一点与欧洲正好形成对比。

在欧洲,特别是德法意有类曲目叫做《窗边的小夜曲》,曲中常有在恋人窗边歌唱以传达爱意的场景。比如,莫扎特的歌剧《唐璜》中的小夜曲《在窗边》,其中的求爱场景就很有名。这里没有侵入房间的一幕,而是通过音乐进行爱的表白,如果对方出现在窗边的话,就意味着接受爱情。

在民俗学上,德国过去有一个习惯,如果想祈祷到未来的伴侣,女孩们会在圣约翰节(6 月 24 日)在窗边向下悬挂花束。据说这样一来伴侣就会在梦中出现。同样,在萨尔斯堡地区也有类似

「窗」的思想史

的习俗，人们相信，在窗边挂上花束，美少年就会出现。

　　在这些习俗中，女性无一例外都是被动的。在格林童话中，女主人公往往也是被动的，从过程来看求婚者基本上对她们都是一见钟情，最后两人如愿成为眷属，迎来圆满结局。属于社会最高层的王子往往主动求婚。在法国画家安格尔的著名画作《土耳其浴女》中，也采用了男性从窥视孔中观察女性的视角，女性仍是被动的。这种模式在下一节的"试婚"中也是一样。

"试婚"

　　在欧洲的农村，有一种名为"青年组"的共同体结社，在节日或是其他活动之际定期召开集会。这个结社控制着村中年轻男女的交往。男性与女性即使相互认识，也不能擅自急着交往，而是需要得到伙伴的认可。

　　尽管基督教的说教要求人们在结婚之前不能发生性关系，但实际上在农村却未必如此，在得到默认的情况下，年轻人就会付诸行动了。例如，在雅克·索雷的《性爱的社会史》中，对于婚前性行为和"夜访"习俗就作了如下叙述：

　　　　在欧洲从斯堪的纳维亚到瑞士的所有日耳曼地区，"夜访"都成了一种重要的制度。在探讨旧制度中的性生活时几乎无法绕开这一点。这个制度过去起着调整人们本能的冲动与婚姻嫁娶关系的作用，意味着一个女孩将所有向她求爱的男子一个个请入房间。……冬天也不例外，年轻人们总是离开家人互相聚集在一起。这种聚会，最初是集体性的，最后会在床上结束，特别是贫困的人们之间，只要相互约定，做什么都是可以的。……长期以来，他们把这种聚会看做确定未来夫妻关系的极好机会。

　　这种习俗过去在欧洲中北部的广大地区都得到承认，同时上文中的南欧小夜曲也是夜间献给心上人的。因此，可以认为"夜访"这一光景是在整个欧洲都能看到的。另外，这与"试验婚"的习俗也是类似的。文化史学家弗里肖尔在其《世界风俗史》中关于

"试婚"这样写道：

> ……在农民之间，关于限制婚前性行为的禁令并不严格。"试婚"的习俗即使是教会也无法消除。年轻的小伙子选择一个姑娘，姑娘允许他"从窗口进入"，目的是想在结婚前相互了解清楚对方的身体状况。他们为了相互"试婚"会在床上共处一夜。……如果实验没有获得满意的结果，男女任一方都可以提出解除关系。对于女孩而言，不管与多少小伙子"试婚"都不是羞耻的事。只是，如果次数太多，会影响到"处女"的名声。

在村里，教会的宗教伦理并不太起作用，"试婚"这种自由的婚前交往在现实中确实存在。这并不是个别性的，在近代的村庄中屡见不鲜。正如美国作家芭芭拉·沃尔克在《神话传说词典》中所指出的那样，"临时性的试婚直到 17 世纪初都被视为合法的。农民的'婚约'多为实验性质，其中包含着'留宿'、夜访或是床上求婚等习俗。"

「窗」的思想史

从窗户进入的男性
（Fuchs, *Mustrierte Sittengeschichte.*）

奥地利的蒂罗尔地区默认周二、周四、周六或周日都可以"夜访",在其他日子里行动的人会被揶揄为"不解风情"。在瑞士,还流传着一种说法,称与女孩过夜的年轻人会被看做未来的女婿,第二天早晨,女孩的母亲还会端上咖啡。

但即使是在农村,严厉的父亲也同样会非常反感"试婚"的风潮,为了防止"夜访"的不速之客,往往会让女儿住在家中最高的一层,而女孩的兄弟一般都被安排在较低的楼层。男性在这样严峻的条件下克服重重困难到达女性的房间,被认为是爱情的体现。

与城市不同,农村大多没有妓院,年轻人必须在村落内部解决自己的性要求。因此,按照大众史学的观点,婚前的交往是理所当然的。弗兰德林在其《性的历史》中所列出的数据令人瞠目结舌,不妨引用一下。据称,"在南特,已订婚的女孩妊娠率在1726～1736 年间为 63％。这个数字在 1757～1766 年之间增大到 73％,进而在 1780～1787 年之间上升到 89％。"

长发公主在塔中的房间

格林童话《长发公主》源自意大利民间故事集《五日谈》中的故事"佩乔西耐拉"。两则童话的基本结构类似,但格林童话的故事更为有名。故事一开始描写了一个女子妊娠反应大,特别想吃附近巫婆院中种的野莴苣。于是她丈夫夜间潜入巫婆院中,偷来了野莴苣。但第二次再去偷的时候被巫婆发现,最后被迫把妻子生下的女孩交给巫婆。

巫婆收养了女孩,视若己出,将她养大成人,并在女孩成年以后把她关在只有一扇窗户的塔中。塔一般都是封闭的场所,巫婆之所以这么做,是为了防止女孩受到坏男人的诱惑。尽管如此,女孩还是因一个偶然的机会认识了在塔下经过的王子。于是,她从唯一可供出入的窗口垂放下自己的长发,让王子经窗户进入房间,度过了短暂的快乐时光。几次幽会之后,女孩怀孕了,结果被巫婆发现。王子中了巫婆的圈套,从塔上摔下来,把眼睛摔瞎了。但女孩和王子最后还是重逢,故事迎来了完美的结局。

在这个故事中,塔原本是一个封闭的空间,唯一的开口部分只是一扇窗户。长发公主主动放下自己的长发,把王子拉进了房间。

这样一来,实际上塔就变成了秘密幽会的场所。《长发公主》的故事情节按照欧洲骑士时代的老套路展开,由于塔的建筑结构,幽会也是上下的垂直运动,这一点不难理解。

同样,在《玫瑰公主》中塔也是展开故事情节的重要场所。被女巫预言将沉睡一百年的公主在 15 岁时出于好奇走进了城中的塔。当她沿着螺旋阶梯往上爬的时候,门上的锁不可思议地打开了,于是公主轻易地走了进去。

公主看到一个老婆婆正使用纺车纺线,她想过去帮忙,结果被纺锤击中昏睡了过去。这就是沉睡一百年的开始。一百年后,当王子踏进被蒺藜包围的塔的时候,看到了沉睡的玫瑰公主,王子的吻使公主苏醒过来。只有一扇小窗的塔原本是一个与外界隔绝的地方,但在这个童话故事中成了男女主人公相遇的场所。王子与公主喜结良缘,故事以大团圆结束。

这个故事源头在意大利和法国,在那里纺锤象征男性的性欲,故事情节也较为露骨,有一些关于两人发生肉体关系以及女性怀孕的描写。而在格林童话中,塔中的房间发生是秘密空间,而且是男女幽会的场所。由此可以看出原作残留下来的一点痕迹。

2 欧洲的"橱窗女郎"

"橱窗女郎"

到了 19 世纪,法英德逐渐对卖淫行为进行管理、约束。但管理的出发点并不是为了维护女性的人权,现实上是为了阻止梅毒等性病的蔓延。各国政府多次尝试采用妓女登记制度,并要求她们承担体检的义务,但这些政策对军人和海员的保护仍然不够彻底。

由于近代的女性解放运动与女权主义思潮的出现,卖淫遭到了批判,人们坚持不懈地开展运动,以消灭卖淫活动。然而,作为一种"必要之恶",卖淫活动依旧公开地或以双重标准大行其道。据美法等国称,世界各国的卖淫行为愈演愈烈,极具讽刺意味。人的本能欲望终究占了上风,无论是基督教的伦理观还是女权主义运动,对卖淫活动的抑制效果都显得微不足道。

「窗」的思想史

《阿姆斯特丹红灯区女郎》（汉斯·范·诺尔登作，1960 年）

众所周知，卖淫在欧洲的荷兰、德国、比利时和丹麦等国至今仍是合法的。但同时，强制性卖淫和未成年人卖淫的行为则遭到严格取缔。1988 年以来，荷兰在欧洲率先承认卖淫的合法性。但实际上在卖淫女当中，荷兰人所占的比例较低，多数是东南亚人和非洲人。这说明卖淫也牵涉到移民和外国人问题。因为，移民的女性一旦遇上经济困境，就往往别无选择地走上卖淫的道路。

上图是画家汉斯·范·诺尔登的作品，描绘了阿姆斯特丹红灯区的妓女凭窗观望的情景，她们被称为"橱窗女郎"。在欧洲，阿姆斯特丹的"橱窗女郎"最为有名。

在德国的汉堡，妓女同样被称为"橱窗女郎"。在科隆的"橱窗"中，甚至还有妓女向 66 岁以上老人提供对折优惠的性服务，实在是令人惊异。更有甚者，妓女们堂堂正正地加入了养老、失业、健康保险，而政府也理所当然地向她们征税。一部分市民活动家还把她们看作性工作者，并基于这一点开展运动，以争取"妓女的市民权利"，笔者对此至今记忆犹新。

不管如何，妓女在欧洲被称为"橱窗女郎"，表明她们与窗户是紧密相关的。之所以有"橱窗女郎"一说，是因为人们是以看橱窗中的商品的眼光在看待她们，这种与窗户相关的称谓如实地表现出女性在现代被物化的现状。

对于这种公然的卖淫行为，也有人持批评态度。在瑞士，法律不禁止卖淫行为，是否取缔则由各州决定。2008年，苏黎世政府当局认为来自外国的"橱窗女郎"拉客时过于露骨，并曾以此为由进行罚款。但实际上，对于行为是否露骨很难界定，警方为此耗费了大量精力也未见成效，很是苦恼。在其他国家也有同样的情况，因为法律主要是禁止未成年人卖淫。

在法国，尽管不承认卖淫的合法性，但由于卖淫常在自由恋爱的幌子下进行，因此实际上政府处于一种"默许"状态。在女权主义势力强大的瑞典，1999年制定法律禁止男性嫖娼，但对于卖淫一方的妓女却不加处罚。美国（内华达州的拉斯维加斯除外）原则上禁止卖淫；日本也从1956年开始依据《禁止卖淫法》对卖淫活动予以取缔。当然，双重标准是众所周知的。

大量来自非洲、东欧、亚洲、南美的年轻女性来到欧洲，因为上当受骗或是经济困窘而从事卖淫。其中，在欧盟范围内大约有20万人属于被迫行为，这是一个不争的事实。亲眼经历过那些悲惨案例的社会工作者们将卖淫活动与双方自愿的性行为区别开来，并对前者进行否定。但也有人指出，这种行为反而使活动已经地下化了的卖淫女们陷入了更加悲惨的命运。卖淫问题涵盖了大量的社会问题，如女性的人权问题、贫富差距等南北问题、移民、贫困、艾滋病、梅毒等等，这些都是社会的缩影，至今无法得到解决。

3　日本的妓院与私通

妓院区的窗格

卖淫女在欧洲被称为"橱窗女郎"，而在日本则被称为"窗格女郎"。日本妓女的历史可以上溯到古代，源于巫女的说法广为人知。此后，自平安时代末期出现的舞女也是妓女，她们与舞蹈、游乐关系密切。说起与窗格这一日式房屋构件的关系，江户时代最值得关注。当时，特别是京都的岛原和江户的吉原这两处尤为知名，号称双璧。

江户时代的妓女，人身自由多为债权人一方控制，该制度的背后存在贫困这一社会问题。虽然当时是一个公然允许卖淫的时代，但对妓院所在区域划出了一定的范围，而且要在其四周挖出沟渠与外界隔离,进出都要经过大门。因此,妓女在年限到来之前是出不去的。妓女中还存在等级,京都的岛原从高到低分为太夫、天神、端女郎、鹿恋、引船五个等级;江户的吉原(1657 年明历大火灾后重建的新吉原)也分为太夫、格子、散茶、局、切见世五个等级。

在相连大门的大街以及与大街交叉相连的小路上,灯红酒绿的妓院鳞次栉比。由于夜间光线黑暗,会有人手提灯笼为客人照路,妓院里灯火通明,妓女们在夜晚显得极为惹眼。为了让行人看得到,妓女们在窗格后面等待客人。因此,烟花柳巷中"窗格女郎"一词十分恰如其分。另外,由于妓院的档次不同,纵向的窗格部分有些一直延伸到天花板,有些只有前者的一半高度。客人们可以透过窗格向里面看,有如看某种表演一般,还可以评头论足一番。很多画中都描绘了参观吉原时的情景,也有客人并不进门,只在外面看看。

《吉原格窗内图》(葛饰应为作)

窗格是一种日本风格的较朦胧的隔断,这种日本开放性的房屋结构被使用到了妓院这种卖淫场所。说起来,这种分隔结构意味着一种不被隔离的规则。通过窗格的缝隙,可以自由对话,为了与客人交流,妓女还常常会从缝隙中递出烟管。

上述吉原的光景,其实就是把妓女当做一种摆在店门口的商品。在展示时所使用的日式房屋独特的窗格其实就是"橱窗"。可

明治时代吉原的妓女
（年代不详，这种招揽顾客的方式从 1916 年起受到禁止）

以说，尽管结构完全不同，但在刺激人的"欲望"这一点上而言，那与商场、商店的展示是相似的。即使是明治时代以后，这种方式也没有改变，窗格中仍然会摆放妓女的照片。这种公然招揽客人的"橱窗"在 1916 年以后因为受到国外的诟病终于被禁止了。

品川地区也曾经存在妓院，因而有许多曾被用作浮世绘的题材。由于是位于吉原的南面，这里又被称为"南"。鸟居清长的《美南见十二候　九月》，就曾描绘了一位体态匀称的妓女在阴历八月十六的夜晚，在窗格后隔窗赏月的情景。窗格、月亮、妓女这样的构图，可称得上是体现日本风情的典范。这幅著名的浮世绘后来流向了海外，曾经受到美术史研究家费诺罗萨的极力推崇，现在收藏于美国波士顿美术馆。

卖淫制度在明治时期以后尽管受到限制，但依旧存在并得到允许，还有检查梅毒的规定。在当时开拓北海道、扩大海外殖民地的背景下，卖淫制度引发了很大的社会问题与歧视问题。和平时期妓女的境遇无需多言，战争时期的性暴行与此后的"从军慰安妇"等问题都使女性成为性的牺牲品。明治时期以后反复出现的废娼运动终于在法律上收到了成效，日本于 1956 年发布了《禁止卖淫法》。女性问题是世界共同的主题，并非日本所独有。出于性

《美南见十二候　九月》（鸟居清长作）

和女权主义的立场，直至今天，卖淫仍作为歧视女性的典型例证，备受人们的指责。

"私通"

日本自古有"歌垣"①的习俗，在一些活动中，对性行为十分宽容。同时，自古以来走婚较为普遍，男性到心仪女性的家中，呼唤对方名字。平安时代以前，是否让该男性进入家门，主动权掌握在女性一方。女方出嫁到男方，男性处于优势地位的婚姻关系据说起始于镰仓时代。

---

① 译者注：日本古代习俗，男女在山上、海边聚会饮食，预祝或庆祝丰收。有时默许性行为，是古代的一种求婚方式。

在欧洲的城市地区,基督教对性进行严格控制,教会甚至管理男女的性交。相比之下,日本因为不是绝对的唯一宗教国家,除了婚姻以外,对于与性相关的事宜较为宽松,不存在特别严格的限制。在农村、渔村等地区,从古代直到20世纪三四十年代,私通的习俗绵延不息,就是一个非常典型的例子。

关于这方面的研究,民间学者赤松启介曾出版过《私通的民俗学》一书,颇有意思。赤松在书中叙述了20世纪30年代以前兵库县与和歌山县的情况。

> "私通"原本就是一个不受拘束的自由的民俗。因此无论是在平原的村庄还是山村,为了欢迎来访的私通者,很多地方都不锁门。……在兵库县的加西郡、美囊郡、多可郡等地的山村,除了一部分富裕人家,直到20世纪30年代左右都有很多人家不锁大门。……在纪州熊野地区的山村,夜里每个家庭都不锁门,并且必然在饭桶之中留下一份饭食。这是因为外出"私通"的年轻人行踪不定,说不定会有人进来找东西吃,他们害怕如果不留吃的会遭到年轻人的报复。

单身男性组成的"青年组"有规章,必须遵照规定行动。他们定期集合,并自然而然地进行性教育。男女之间如果互相默许,女性就会故意不关闭防雨窗,也不将门锁死。不过,农村、渔村在此之前也没有锁门的习惯。如果是欧洲那种完整的窗户,会很难进入房屋。但由于日本的钥匙文化并不发达,可以说是完全不设防的。由此可知,锁门、窗户的文化对性风俗有着很大影响。而且,因为进入房屋的方式与欧洲的垂直方向运动不同,属于水平运动,这也表明年轻人们在性方面的行为模式与建筑结构不无关系。

与欧洲一样,在日本的农村地区,私通直到近代以前一直被视为性的仪式,或者说是婚前交往的一种形式。赤松启介与民俗学泰斗柳田国男是同乡。但赤松对柳田的民俗学大加批评,认为其不但将"村中习以为常的性习俗"排除在外,而且将性习俗"看做古老宗教思想的残留而故意歪曲,剥夺了其正确的史料价值"。

进而,赤松结合明治以后的富国强兵政策以及资本主义发达等背景，作了如下考察：

> 明治政府一方面提出富国强兵政策，为提高国民的道德
> 水平而确立一夫一妻制度，强行推广纯洁思想，为压制私通做
> 好了法律准备；另一方面为了普及、强化资本主义体制，使农
> 民特别是贫农离开农村，为城市提供廉价的劳动力。在农村，
> 推行佃农制度，强行要求地主征收封建性的地租，加剧了地主
> 与佃户的矛盾。这样，为了解决城市、新兴工业地区的性需
> 求，就不得不创立并繁荣妓院、接待业、红灯区。政府期待资
> 本主义形式的性产业发展壮大，以获得巨大的利益。

与近代资本主义对性的管理相反，私通是自古以来存在于日
本农村地区的古有习俗。随着近代资本主义的发展，农村劳动人
口向城市转移，这种习俗逐渐消失。这样，宽松随意的性习俗渐渐
衰退，在与农村性质完全不同的城市地区，妓院、组织卖淫等形式
逐渐地普及了开来。在对性习俗的考察中，即使不采用社会学的
手法，而从窗户、窗格、门锁等角度也可以切实地审视出欧洲与日
本之间的差异来。

第七章 作为政治支配象征的建筑

1 欧洲的等级制度与视觉化

欧洲的等级制度

纵观欧洲的历史,一方面存在以城市为中心的共同体的合作、邻居间的友爱、志愿者等横向的关系;另一方面,其社会的根基却是由纵向的阶层形成。众所周知,植根于欧洲的基督教认为天堂里有上帝,并建立了由主宰者神灵、以耶稣为首的人类、动物以及自然界这样的金字塔形等级结构。这与天主教以罗马教皇为首,按大主教、主教、神父、信徒、异教徒排列的等级制度异曲同工。

同样,在政治统治体系中,欧洲在中世纪也已建立起了一套封建等级制度,依次为皇帝、国王、贵族、自由民和农奴。工匠的行会组织中也有工头、一般工匠、学徒的地位之分。封建社会瓦解后,兴起于近代的资产阶级与殖民主义者继承了上述等级制度,细分为上流、中流与底层,进行阶级统治。正由于欧洲社会存在等级制度,马克思才以此为前提,宣称要通过阶级斗争进行无产者主导的革命。

希特勒则从相反的立场出发,依据雅利安民族至上的人种主义,采取具体措施消灭犹太人。尽管歧视犹太人毫无根据,但由于当时上述等级社会的观念根深蒂固,人种主义在德国得到认可,没有出现顽强的抵抗运动。

因此,从历史的角度看,欧洲存在着阶级等级社会。从原则上

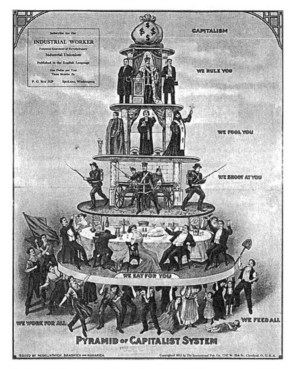

资本主义的金字塔，处于顶点的是美元（1911 年，美国）

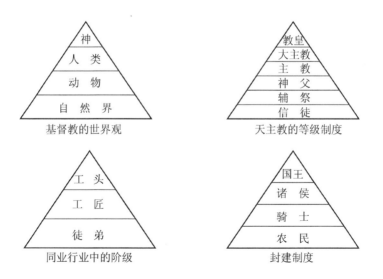

基督教的世界观

天主教的等级制度

同业行业中的阶级

封建制度

说,如果生于王侯贵族之家,掌握其教养、礼仪,并与同一阶级的人通婚,就能够保持原有的地位;而处于底层的工匠、农民、工人则难以摆脱阶级的桎梏。这种模式使欧洲型体制得以维持并固定下来。

上述等级关系可参照上页的示意图。在现实的宗教、政治生活中,这种体系并不仅停留在理念上,而是以视觉直观的形式表现出来。从中世纪到近代,欧洲一直以有形的方式显示宗教与政治的权威,下文将以纹章与王冠为例进行阐述。

宗教、政治权威的视觉化

天主教体系与王侯政治的金字塔形权力结构,也通过纹章与王冠的式样显现在视觉上。中世纪自不待言,即使到了近代以后,这种视觉性象征在加冕仪式、宗教礼仪或祭祀中仍发挥了重大作用。这是因为,看到戴在头上的帽子、王冠等装饰,无论是上流阶层还是不识字的底层人民,都可以通过这种在身体上体现出来的上下垂直型的等级概念来切身感受权威。特别是纹章和王冠会让人联想起社会的顶点。正如窗户可以作为建筑物在外观上的符号一样,纹章和王冠也具有一种彰显权力的类似窗户的构造。

下页图所示的天主教纹章,受到了 12 世纪开始兴盛的骑士纹章的影响,据说是由教皇约翰二十二世(1316～1334 年在位)制定,符合纹章学所称的完整纹章(由盾、盔、盔饰、等级冠、构件等构成)符号。

位于天主教最上层的罗马教皇通过其镶百宝石的三重冠,显示他的最高权威(但,现任教皇本笃十六世使用的是法冠而非三重冠,曾引发讨论)。这种三重冠也在教皇的加冕典礼上使用,象征着教皇作为上帝代理人,甚至天堂、炼狱、地狱的统管者身份,也有解释认为是基督教三位一体的体现。三重冠上交叉的金、银钥匙,起着一种完整纹章构件的作用,那源自基督向第一代教皇彼得移交钥匙的故事。左侧(按纹章学左右反转的解释,以右侧为尊)是金钥匙,右侧是银质钥匙。位于中央的盾形纹章则表示教皇出自的家族系统,因此每代都有变化,在上图中是与神圣罗马帝国相关的鹰。

天主教的纹章体系（从上至下
依次为教皇、红衣主教、大主
教、主教所用）

德国的头冠（从上至下依次为国
王、大公、侯爵、伯爵、男爵、无爵
号贵族所用）

　　红衣主教的纹章同样按照完整纹章形式进行设计，由于钥匙
是教皇专用之物，因此在左右两侧分别设置了主教的冠（法冠或
剑）和杖来代替。此外再使用红色的主教帽和左右各有 15 个红色
挂穗，以体现权威。大主教使用绿色帽子，左右各有 10 个绿色挂
穗；主教同样使用绿色帽子，左右各有 6 个绿色挂穗。另外，图中
没有列出的大修道院院长和主教座教会首席神父同样使用的绿色
帽子，但规定左右只能装饰各 3 个绿色挂穗。
　　表现世俗国王权威的是王冠，英格兰王室与欧洲大陆王室的
王冠尽管大致趋于相同，但在细节上存在差异，在此以德国为例。

国王、大公、侯爵的王冠，最上方装饰有十字架，镶嵌豪华的宝石。伯爵、男爵以及无爵号的贵族以珍珠的数量表明等级的差别，主要式样多与数字 3、5、7 相关，装饰的叶子也以数字 5 为基调。另外，侯爵头冠下半部分白底上的阴影图案是白鼬毛的花纹，只有身份高贵者才可以使用。这些象征性的符号无疑都体现了统治者的权威。

人们认为，欧洲地区的这些宗教、政治的权威与身体、建筑是紧密相关的。建筑史学家列文在《摩天大楼与美国的欲望》一书中曾对此进行过以下论述：

> 人们一直认为，与人的身体形状相一致的垂直轴性，总是体现着道德与价值的金字塔式等级结构。这一说法得到了加斯顿·巴什拉和米尔恰·伊利亚德的一致认可。价值越高就越接近顶峰，价值低就理所当然地出现相反的效果。道德之塔、佛塔或是雅各伯的梯子，都常常令人联想起塔那样的形态。显然，这些形象来源于有机世界，比如成长得相当高的植物或树木。作为结果，要在建筑上探究垂直型关系，就必然会体现为高低等级结构……

事实上，基督教的道德科目也是垂直设定的。很显然，上帝的道德被置于这一结构的最高点。垂直不仅表现在宗教上，在政治统治上也是一样的。前文已经对古代至中世纪欧洲的建筑与宗教的关系进行了考察，在下一节中，将对其外延部分，即作为君主专制统治象征的建筑进行探讨。

2　欧洲的专制君主与建筑

作为专制君主统治象征的宫殿

经历文艺复兴后，在 16 至 17 世纪的欧洲，基督教的权威开始动摇，世俗的君主，特别是专制君主夺取了基督教的权力。国王对建筑也表示强烈关注，主要用自己所居住的宫殿来形象地体现其统治思想。代表着这个时代的建筑风格是华丽的巴洛克式和洛可可式。

凡尔赛宫正面

中世纪的城堡原本是军事设施,因此在设计时就尽可能减少窗户等开口部分,城墙等防御设施是建设的重点。为了显示权威,专制制度下的城堡日益巨大化,并开始建造宫殿,互相攀比,极尽奢华之能事。窗户的开口面积也不断扩大,其美感也受到了重视。当时欧洲一些大型建筑物,外墙上都配有醒目的雕像、纹章,室内则装点着雕刻、绘画、壁画、天花板画、绒毯、织锦等饰品。其中,太阳王路易十四费尽心血建成的凡尔赛宫就是个典型。

凡尔赛宫庭园里的百合纹章造型

在凡尔赛宫东侧入口的正门上方悬挂着金光闪耀的百合纹章，正门入口左右对称的城堡上在屋顶下方设有许多雕像，雕像与装点华丽的窗户给来访者带来一种压迫感。

路易十四允许一般市民进入凡尔赛宫的庭园，甚至制作了导引手册。由此可知，他有夸耀王权伟大的意图。宫殿的窗户设计成可以将面积约 1 百万平方米的巨大人工庭园一览无余。这与日本的庭园不同，宫殿的几何图案高调地炫耀着人的力量，令人印象极深。植物也被修剪成象征波旁王朝的百合纹章形状，另外还有百合状的浮雕。

在文艺复兴以后，造园时使用喷泉的例子逐渐增多，凡尔赛宫也不例外。1600 这一数量庞大的喷泉当时显然起到了提高国王威信的作用。喷泉这种装置所反映的并不是水往低处流这种自然界的常理，水喷向高处的场景是在显示人类智慧的胜利。通过这些喷泉，作为宫殿主人的专制君主无疑切实感受到了自己的权威。整齐划一的大庭园，也能让人产生皇家力量征服了自然的感觉。

凡尔赛宫内的"镜厅"

在凡尔赛宫的大厅中，最为人们津津乐道的是 1686 年完工的镜厅。这里长达 74 米的回廊可以称得上是巴洛克装饰文化美的典范。从庭园一侧经由 17 面窗户中入射的光线，再经过对面 578 面镜子的反射，制造出一片令人目眩的、金碧辉煌的空间。到了夜晚，枝形吊灯中点燃的 300 根蜡烛的光照映在镜中，反射扩大，产生特别的效果。

　　据说在那个时代，威尼斯制造镜子的技术已经传播到了法国，因此镜厅才得以建造。镜厅的场景令到访凡尔赛宫的人们瞠目结舌，镜子和窗户玻璃带来的效果使他们深刻地认识到统治与被统治的关系。尽管法国人德·让在1688年就已经发明了磨砂玻璃的制造方法，不过当时镜厅刚刚完工不久，因此可以推测，凡尔赛宫的窗户玻璃大部分仍然是用以往的口吹圆筒法等方式人工吹制的。

　　凡尔赛宫及其人工几何图案的庭园后来成为欧洲各国王室争相模仿的对象。其中以普鲁士、巴伐利亚、萨克森、俄罗斯的王室和维也纳的哈普斯堡家族为最。他们希望通过模仿，借用太阳王的威望来加强国内统治，提高皇帝或国王的权威，统治者的意图在这里昭然若揭。

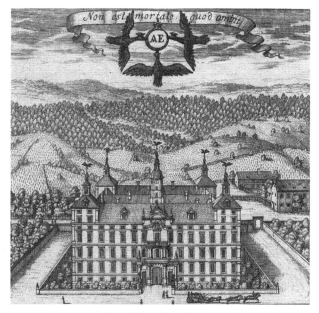

奥地利的埃根博格城堡

　　欧洲还有一些城堡也与窗户密切相关，位于奥地利格拉茨的埃根博格城堡就是一个例子，这里已被列入世界遗产名录。埃根博格城堡属于巴洛克风格，经过17世纪的大规模改建（1625年开工），共有 365 扇外窗,每层有 31 个普通房间,24 个豪华房间,分别取自一年的天数、一个月的天数和一天的 24 小时。这里按年月日进行的空间构造和窗户设计可谓奇闻。在日本传说"浦岛太郎"中描述的龙宫里,四面墙壁上的窗户可以分别映影出四季的风景,而欧洲的城堡更是展现出了远远超过四季的"科学"性以及周密的计算。

在建造埃根博格城堡的时代,人们主张按照宇宙学调和建筑与宇宙的运行,并坚信时间的流逝与建筑是相关的。因此,城堡的领主汉斯·乌尔里希·埃根博格才如此执著地使窗户的数量与象征时间的数字联系起来。值得一提的是,2006 年发现该城堡还收藏有丰臣秀吉时期的大阪城屏风图,日本对此也进行了重点报道。

作为德国洛可可风格的王宫,普鲁士的腓特烈二世(1712~1786 年)的行宫无忧宫也闻名于世。宫殿建造于 1744~1760 年之间,建筑只有一层。与凡尔赛宫相比,显得更加紧凑,给人以德国式简朴的印象。窗户形状纵长,上部呈弧形,属于优雅的洛可可式样,从中不难看出法国和意大利的影响。另外,与哥特式时期的建筑不同,平板玻璃的面积每块都变大了不少。

无忧宫的弧形窗和天窗

在无忧宫,来访的人们都要向着穹顶的中央拾级而上。穹顶映入眼帘后,就可以在台阶状葡萄温室之间看到窗户和雕像上用法语写着的"无忧宫"的字样。由于存在地形高低之差,自上而下的角度自然就成了俯视。无忧宫利用自然地形高度差形成的上下视角体现宫殿的威严,其设计完全不同于凡尔赛宫。腓特烈二世在这座宫殿举行音乐会并亲自演奏长笛,伏尔泰也曾居住于此,这些轶闻广为人知。

新天鹅堡

国王宝座所在房间的洛可可式窗户

要举出显示专制主义时期王侯们自我表现欲的例子，就不得不谈及巴伐利亚国王路德维希二世的新天鹅堡。新天鹅堡显示的不是国王自高层俯视下方的视野，而是国王追求中世纪骑士精神的一种孤芳自赏的意志，称得上是一大建筑杰作。

新天鹅堡的塔，是重视防御的典型的中世纪结构，有起伏的墙壁和小型窗户，而宫殿部分的内部装饰却属于极为华丽的洛可可样式。如上页图片所示，国王宝座所在房间的窗户也是洛可可式，在建筑结构上混合了中世纪与近代的两种特征，体现出与众不同的风格。国王的起居室和各房间都极尽华丽之能事，正常人很难认同这是可以居住的地方。

关于新天鹅堡的评价令人强烈地感受到了历史的变迁。在建造之时，城堡用尽了国库的资金，人们恶评如潮，认为这是"瓦格纳疯子"①国王的玩物。但在此后，这座表现出国王异常内心世界的建筑却被全世界的赞美为最美的城堡，游客络绎不绝，那里作为迪士尼童话城的原型，对主题公园的形成也产生了极大影响。

3 法西斯建筑的思想

露台上的墨索里尼

拿破仑三世曾致力于推动巴黎改造计划，同时还不遗余力地发动对外战争。由此可见，有野心的当权者们，对于战争与城市的景观建筑极为关心，并将其视为炫耀统治力的手段。在 20 世纪上半叶的意大利和德国，墨索里尼和希特勒先后掌握了权力。他们为了确立法西斯独裁体制下领袖的魅力，试图通过宣传、煽动人民的方式对首都进行改造，并因此陷入战争而自掘坟墓，他们重蹈了拿破仑以及拿破仑三世的覆辙。

极权主义的政治运动构筑了一个时代，而这个时代与威慑人民的巨大型建筑联系紧密相关。大概很少有人知道意大利的墨索里尼曾是个建筑师。保罗·尼科洛索在《建筑家墨索里尼——独裁者梦想中的法西斯城市》一书指出：政治，特别是法西斯思想与

---

① 译者注：瓦格纳系德国著名作曲家，路德维希 2 世的崇拜对象。

建筑密切相关。作为法西斯逻辑的强权和扩张主义造就出了5千
多个纳粹党支部建筑以及许多公共建筑,作者对其情形进行过详
细的分析。

墨索里尼于1922年通过武装政变掌握权力以后,企图通过宣
传煽动民众的方式来巩固其统治。在夺取政权十周年之际,提出
了首都罗马的改造计划,试图通过再现古罗马的辉煌来引发意大
利人的民族主义和怀旧思想,以达到提高自己的声誉的目的。墨
索里尼与希特勒在思想上原本就不是坚如磐石的关系,特别是在
人种论方面,他还曾对希特勒的理论进行过批评,也没有镇压犹
太人。

事实上,罗马留存着大量古代帝国的遗迹。这个绝佳的舞台
很容易让人想到可以将建筑与宣传联系起来。墨索里尼组织起了
一批建筑专家,项目负责人是建筑家马切洛·皮亚琴蒂尼和朱塞
佩·特拉尼等人。他们之所以逢迎墨索里尼,是因为相信借助掌
握了强大权力的人能实现自己的梦想。

墨索里尼在热那亚的广场高台上演讲(尼科洛索《建筑家墨索里尼》)

甚至有观点认为墨索里尼是为了建筑才积极推进法西斯运动
并向海外扩张的。在下令建造的公共设施完工后,他会亲自出席
落成典礼并发表演说,扩大民众的支持。例如,墨索里尼曾于1938
年5月14日,在热那亚的维多利亚广场发表演说。

墨索里尼在那里大谈与纳粹德国的同盟关系,博得了民众的喝彩。无论是从能令人联想起古罗马帝国的雄鹰造型的窗口,还是从高耸的演说台俯视人群时的视野,都明确地体现了他的意图。墨索里尼的那次演说之所以大收成效,是因为意大利在1936年以军事手段吞并了埃塞俄比亚,他已经通过海外扩张提高了自己的威信。

墨索里尼亲身参与的建筑至今存世的仍然不少,其共同的特征是一种现代化的箱形结构。考虑到与玻璃的关系,笔者就位于意大利北部科莫市的纪念碑式建筑法西斯党部大楼进行分析。

这是一座以玻璃为主体的四层箱型建筑,建于1936年,由朱塞佩·特拉尼设计,位于意大利北部美丽的科莫湖畔。它设计新颖,功能性强,去除了一切多余的部分。这座归属党部的建筑曾经是"国防义勇军"的基地之一,而"国防义勇军"则是由"黑衣党"发展而来。但是,与"黑衣党"的名称恰恰相反,这里体现出了一种明亮的现代化设计,连天花板也是由玻璃构成。这座建筑至今仍保持着原样,被用作警察总部。

科莫湖畔的法西斯党部大楼内部

出于极权主义的理念,墨索里尼企图重现古罗马辉煌的神话。尽管身边并不缺少宏大的古罗马广场、罗马斗兽场等生动范例,但墨索里尼主导的建筑却与之风格迥异,大多是标榜新时代的崭新

「窗」的思想史

样式。无需讳言,在意大利,偏向现代化的建筑很难与古罗马遗址、梵蒂冈等景观融为一体。墨索里尼的建筑理念也并不是始终如一的。可以说,其建筑政策体现在古代与现代的不均衡感之上。意大利法西斯的宏大构想是与希特勒相互协作,建设连接罗马与柏林南北两大轴心的道路,而希特勒也有此意。可以说,墨索里尼与希特勒在标新立异、引人注目的工程这一点上产生了共鸣。

法西斯党部大楼外观

希特勒与建筑

希特勒青年时代曾想当画家。梦想破灭之后,又曾一度立志成为建筑家。因此,希特勒对建筑也十分关注,曾在《我的奋斗》中这样谈到纪念性建筑的问题:

> 我国的大城市至今没有建成那些影响着城市整体印象,能留下整个时代印记的纪念碑式建筑,而这一类型的建筑在古代各大城市都能见到,这些城市几乎都拥有各自引以为骄傲的特殊的纪念性建筑。古代城市的特征……在于公共的纪念性建筑之中,人们不得不认为这些建筑是为了永恒的目的而建造的。

古希腊、古罗马等引以为豪的建筑物是永恒的民族象征。希特勒的主张强烈体现了他对这类建筑及其背后民族象征的执著。

由于希特勒以和谐的古典建筑为典范,其主张与墨索里尼也大为
不同。可以说,希特勒所崇尚的是古典主义风格的建筑。恢弘的
建筑物无疑是权力的象征,令人自然而然地感受到统治者的权威。
希特勒将自己比作掌握着强权的皇帝和国王,他迫切希望出现彰
显古代日耳曼民族精神的永恒纪念碑。

「窗」的思想史

总理府的大理石走廊

　　希特勒当上总理以后,对建筑的关注依然远远超过常人。在
他的命令下,由建筑家阿尔贝特·斯佩尔设计的总理府于 1939 年
竣工。总理府以鹰的标志为中心,左右对称,是一处体现新古典主
义的宏伟之作。考虑到历史上路易十四曾以凡尔赛宫的镜厅(74
米)炫耀其权势,希特勒将总理府的走廊长度增大到了镜厅的两
倍。来访者必须通过这段长达 146 米、宽 12 米的大理石豪华走廊,
才能到达希特勒的会客室或办公室。希特勒试图通过这种方式在
会客时能从心理上压倒对方。

　　1939 年 3 月,在德国强行吞并捷克斯洛伐克时,希特勒将捷克
斯洛伐克时任总统伊米尔·哈卡邀请至总理府,这里漫长的走廊
起到了极大的效果,使总统意识到希特勒的权力是何等强大。结
果,希特勒不由分说地迫使捷克斯洛伐克承认被编入德国。

　　此后,希特勒更是利令智昏,他计划对首都柏林进行大规模改

造,建成世界之都"日耳曼尼亚"以显示其权势。他责成建筑家斯佩尔设计方案,要求柏林必须凌驾于欧洲各国首都之上。可以说这体现了希特勒对于古代日耳曼神话的憧憬。

与包豪斯建筑学派的功能主义不同,日耳曼尼亚的构想可称得上是新古典主义,是一个和谐而宏大的柏林改造计划。斯佩尔的设计草案保存下来了,从中不难发现,当时打算建造超越巴黎香榭丽舍大街的宽达156米的新大道,从中央车站通过凯旋门,直达前方300米的国会大厦,并以这条南北方向延伸的道路为中轴线,使城市左右大致对称。但这一构想因第二次世界大战的爆发而化为泡影。

日耳曼尼亚构想

迪耶·斯迪克在其《巨大建筑的欲望》中论述了德国国会大厦的变迁。这座希特勒建造的事关第三帝国威信的建筑,在第二次世界大战末期曾被苏联红军占领,成为苏军胜利的象征,后来又成为德国重新统一后的国会大厦。装有玻璃的大厦圆顶现在可供游客自由参观。国民可以在他们选举产生的议员、总理、总统的办公室屋顶散步,这种情景给我们带来许多历史的启示。国会大厦留下了希特勒荣华的痕迹,但无论个人如何想留名青史,建筑物却终将脱离个人而独立存在。

灯光大教堂

　　19世纪中后期,巴黎埃菲尔铁塔的灯饰让人们看到了高层建筑与光的关联,而将这种关联按照某种政治意图加以利用的做法则始于纳粹的党代会。1934年在纽伦堡召开的纳粹党代会上,纳粹运用多盏探照灯在黑暗中制造出极为光辉的场景,引起了人们的关注。纳粹建筑家斯佩尔称之为"灯光大教堂"。这无疑是法西斯营造的一种巨大建筑物的幻影,也是一场摄人心魄的灯光表演。

举行纳粹党大会的纽伦堡的"灯光大教堂"(1934年)

　　在纳粹的思想中,一方面有怀旧的倾向,他们喜爱古代的火把游行;另一方面,他们又使用最先进的灯饰技术,利用光线的间接照明勾勒出建筑物,营造出不夜城的景象。这是通过建筑来宣扬纳粹思想的绝佳手段。施菲尔布施在其《光与影的戏剧论》中指出:

　　　　灯光大教堂这一名称从两个理由来说都是最合适不过

的。首先,射向天空的"光的空间"使人联想起中世纪基督教的宗教建筑;其次,纳粹喜欢使用取自宗教词汇的单词。……阿道夫·希特勒诚然没有直接被称为上帝,但却被赋予了超越上帝的神的一切属性。灯光大教堂是纳粹政党代表第三帝国民族共同体举行其自身政治宗教仪式的严肃的集会场所。在灯光大教堂中,数十万各不相同的实实在在的平凡人,他们的心灵被形而上学占据,形成了脱离现实的集团性的普遍精神。

从这里也可以明显看出纳粹陶醉民众的戏法,这与希特勒的演说是相辅相成的。纳粹的垂直主义思想使哥特式风格变身为光的美学。

水晶之夜——对犹太商人的袭击

欧洲人历来就坚信可以通过身体特征识别犹太人。坊间一直传闻,鹰钩鼻、黑眼睛、厚嘴唇等是犹太人的典型特征,但这些说法实际上完全没有人种学上的依据,缺乏科学性。因此,即使在纳粹时期,也不得不规定犹太人必须穿着带有黄色五角星标记的衣服。这也从反面证实了上述说法站不住脚,因为将反复经历过混血的犹太人与其他人种区分开来这种事情是无法做到的。

犹太人多从事金融业(即所谓放高利贷)。那是他们被允许从事的为数不多的行业之一,在那样的社会环境下,他们形成了一种固定的职业观念。另外,被封闭在犹太人区的事实以及他们寒碜的打扮、经济上的窘迫也都是后天形成的。但是,纳粹却使人们形成了"狡猾的犹太人"这种偏见,并且煽动人们厌恶犹太人感,污蔑他们"与鼠疫一样危险"。

斯图加特的绍肯百货店之所以成为纳粹攻击的目标,是因为那里是最具象征性的犹太资本。这是一处有流线型橱窗的特征明显的现代化建筑,由犹太人门德尔松设计。纳粹以这家商店挤垮了传统零售商店为借口,煽动人们憎恶犹太商人,1928年将其没收。其实这只不过是纳粹攻击犹太人事例的冰山一角。

在希特勒掌握政权的1933年,德国生活着约50万犹太人。其中的大多数虽然有心逃亡,但却不知道逃往何方。第二次世界大战爆发前夕的 1938 年,是开始对犹太人进行集体迫害、屠杀的重要年份。11 月 9 日至 10 日间,发生了"水晶之夜"事件,犹太人的商店、教堂、住宅遭受了集中性的袭击。除了德国全境以外,当时德国占领的苏台德地区(今捷克)以及奥地利也发生了类似事件。7500 家左右的犹太人经营的商店以及 177 个教堂遭到破坏。

这些被破坏、纵火的建筑物,最具象征性的部分是窗户玻璃,而玻璃大多是犹太人商店的橱窗。碎裂在路上的玻璃片闪闪发光,人们用与现实极不相称的诗歌语言称呼这一场景为"水晶之夜"。当天,大约有 2 万犹太人被逮捕,约有 1 万犹太人被驱逐到波兰。

"水晶之夜"遭到袭击的商店

尽管此后纳粹对犹太人发动了波浪式进攻,但在 1941 年的德国仍有 16 万 4 千犹太人。自 1942 年 3 月起,对犹太人正式的"最终解决"开始了。最终,在分布于各地的强制收容所、卫生收容所、灭绝收容所的犹太人之中,约有 600 万犹太人遇害。希特勒德国标榜的"雅利安民族优秀说"这一毫无根据的主观偏见肆意横行,纳粹不仅对犹太人,而且对吉卜赛人和反纳粹者也反复进行了杀戮。

上述"水晶之夜"这一象征性表述看似紧密联系着玻璃美丽的透明性和脆弱性,实际上却见证着纳粹对犹太人的暴行。纳粹的人种主义认为雅利安人是最优秀的人种,并以人种纯粹性的理论取悦了德国人,但那种说法完全是编造出来的。纳粹思想最终土崩瓦解,而"水晶之夜"这个优美词语中实际上也体现出了纳粹思想的悲剧。

第八章 窗与充满欲望的资本主义

1 钢铁与玻璃组成的资本主义

欧洲中央车站的构造

1769 年,詹姆斯·瓦特取得了新型蒸汽机的发明专利权,直到 50 多年以后,他发明的新型蒸汽机才正式投入运行。1825 年,英国的商业铁路公司开业,自此之后,法德意比在 19 世纪 20 年代相继铺设了铁路,以煤为燃料的蒸汽机车从此将城市连接了起来。如下页图表所示,到 19 世纪后期,德意志联邦境内的铁路网总长度已经超过英国。铁路在客运、货运上发挥了跨时代的作用,有力地促进了资本主义的发展与壮大。交通网的扩张为近代旅游的发展开辟了道路,激发了资产阶级以及贵族们旅行的欲望。现在,许多欧洲大城市内都设有中央火车站,这些建筑物已成为大都市的名片之一。

连接城市的铁路在其建设伊始,由于无法在人口密集区铺设线路,中央火车站通常只能建在远离市中心的郊外。欧洲许多中央车站,都离旧城的中心较远。但现在,随着人口从老城区向交通便利的中央车站周围迁移,这里正在逐渐变为城市的中心区域。

柏林、法兰克福、巴黎等大城市的中央车站,其特征是钢筋结构的穹顶或大型玻璃屋顶。这些中央车站,作为国家的交通枢纽,在促进资本主义向前发展方面发挥着核心作用。以中央车站为起点,铁道线路如巨网一般不断扩张,由此在国内确立了运送线路。

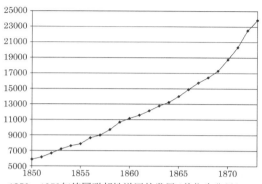

1850～1973年德国联邦铁道网的发展（单位为公里）

(Zahlen nach Hans-Ulrich Wehler: *Gesellschaftsgeschichte*.)

当时中央车站的建筑构造，也成了20世纪到21世纪大型车站的建筑模板。

巴黎的奥赛火车站建于巴黎世界博览会时期，其建筑风格受到英国水晶宫①的影响，是一座以玻璃和钢铁建成的近代火车站。世博会闭幕之后，奥赛火车站逐渐没落直至被废弃。但由于保存得比较好，后来被改建为奥赛美术馆。该美术馆现在仍然保留着原先的玻璃天顶结构。

由车站改建而成的奥赛美术馆

———————

① 译者注：第一届世界博览会会址，历史上第一次以钢铁、玻璃为材料的超大型建筑，位于伦敦海德公园内，已被烧毁。

法兰克福作为德国的大门，其中央车站为终点站样式。完工于 19 世纪末期的这座车站象征着德意志帝国的威严。从正面看，车站包括三座圆顶形建筑，其玻璃的使用面积远远超过了同时代的其他建筑物。不过与 19 世纪建筑物相类似的一点是，法兰克福车站也使用了希腊神话中阿特拉斯神像、女神雕像、钟塔等作为装饰，极具特点，使其成为一座传统装饰文化与现代玻璃文化相互交织的建筑物。

法兰克福中央车站 1890 年的写生
（**Rödel，*Der Hauptbhnhof zu Frankfurt am Main.***）

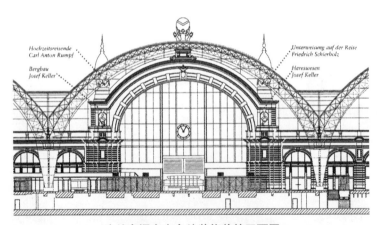

法兰克福中央车站装修前的正面图

　　法兰克福中央车站最近经历了一次大规模装修，将其与之前相比较，大约就可以理解中央车站在时代变迁中所发生的变化。如下页的上图为改建过后中央车站的照片，不仅建筑构造很好地继承了传统风格，从它巨大的钢筋结构和拱形设计中也可以看出现代的美学特征。为了利于采光，车站顶棚使用了大量玻璃材料。

2005 年装修过的法兰克福中央车站的玻璃屋顶

与典型的近代高层建筑相仿,"玻璃的增殖"也是中央车站的一大特点。大量使用玻璃建材的建筑越来越多,法兰克福中央车站就是其中典型的一例。

欧洲的主要中央车站,多继承了 20 世纪钢铁与玻璃的建筑文化。进入 21 世纪后,建筑物内的玻璃面积又有进一步扩大的趋势,在功能方面以多层结构为主。例如,柏林的中央车站等建筑,顶棚都是以玻璃为材料搭建的,升降电梯、扶手电梯等也被改造为近代风格的透明玻璃的观光梯式样。

柏林中央车站

展橱、商业步行街、百货店

自中世纪始至近代初期,根据基督教教义形成的清贫、禁欲等理念成为社会精神的核心。根据禁欲主义,对物质的欲望被人们视作是丑恶的。实际上,教会宣传这种教义,不过是为了诱导人们进行布施，对教会给予捐赠。但是，随着基督教逐渐丧失统治地位，近代资本主义取而代之，点燃了人们占有物质的欲望之火。

　　为了获取利润，资本主义费尽心机，开辟了商品贩售之路。尽管博物馆、美术馆的展览可以满足人们的求知欲和好奇心，但是对于物质的占有欲仍是被禁止的。近代开始，依照资本主义精神进行展示、售卖的商品，其目的就是为了激发人们的占有欲，这是资本主义的一大特点，也标志着物质文明从此拉开了自近代向现代不断发展的序幕。由此衍生的商品展示新方案，其关键词是橱窗、商业步行街和百货商店，而与这些关键词密切相关的即是玻璃这种建材。

19 世纪中叶巴黎的步行街（中本弓子 2008 年摄）

　　显而易见，商店是陈列销售商品的地方。那时候，在商品和顾客之间还没有任何遮挡物。顾客一边与店员对话，一边现场选取所需商品，顾客为了鉴定商品质量还可以直接接触实物。而街道两旁的橱窗却采用了在商品与顾客之间用玻璃将两者隔离开来的一种全新展示方法。在透明玻璃的另一侧展示的商品,可以有效地激发人们的购买欲望,即使是在门店营业时间以外也可以继续进行展示。

如下图所示,照片中的人物包括店主夫妇和店员以及在店中买了酒的老妇人。19世纪前期,巴黎的小商贩们在街道两旁陈列酒等嗜好品,以此招徕顾客。这种商品陈列的方式具有划时代的意义。橱窗正是使这样的陈列得以实现的原因。

商业步行街最早出现于巴黎,这种具有玻璃顶棚的拱廊型街道,将丰富多彩的各色小店串联在一起。为了在大城市内集中售卖商品,并刺激人们的购买欲望,法国资本主义社会重新对城市进行了改造。步行街由此而被称为步行者的天堂。关于步行街,瓦尔特·本杰明(1892~1940年)曾在其未完成的著作《谈步行街》中针对巴黎的资本主义化、人们对于商品的欲望、社会的各种仪式、步行街与光的关系等进行过详细论述。展出的商品刺激了人们的欲望,本杰明认为这一作用机制正是现代都市所存在的问题之一。从纳粹德国的魔爪下逃脱的犹太人本杰明,在逃亡途中仍然敏锐地观察到了现代都市文明的发展动向。然而,他在逃出巴黎之后,被迫于比利牛斯山中自杀身亡。

巴黎的零售店(19世纪前期)
(Ariès, *Geschichte des privaten Lenens*.)

欧洲的资本主义以较低的成本进货、制造、售卖,通过这样的商品流通过程获取利润并不断发展。它对外推行殖民主义,在榨取殖民地财富的基础上,使国内的商品展示、售卖规模得以进一步扩大。由专营店合并而成的综合性百货商店这种全新的销售模式也应运而生。这种销售模式的特点是方便陈列大量商品,同时也有助于扩大顾客群体。

"廉价商店"的顶层

　　提到百货商店的发展史,就不能不说巴黎的布西科夫妇开设的"廉价商店"。19 世纪中期的 1852 年,布西科买下了巴黎的一座百货商场,经过多次装修,终于建成了这座具有划时代意义的建筑物。百货大厦以钢铁和玻璃为建材构成通风透明的大厅,内部装修高档华丽,卖场面积宽阔,极具特色。而商品的摆放也营造出明快欢乐的氛围,似乎是在吸引顾客参加购物的派对。在这一理念下创造出来的百货商店,还吸引了许多原本并没有打算购买的人,勾起了他们的购买欲望。"廉价商店"和后面即将提到的水晶宫构造非常相似,就好像是举办世博会的大型活动场地摇身一变成了百货商店。

　　人类的欲望具有扩张性,一旦实现了一个目标,就会去寻找另一个新的目标。当追求利润本身成为一种目标时,欲望就会无止境地扩张下去。以法国为例,19世纪后期拿破仑三世进行的巴黎大改造、巴黎世博会以及百货商店的发展都是相互联系、相互影响的。而在商品展示的演变史中,橱窗所占有的地位越来越重要,极大地促进了现代大型购物中心街区的建设。

2　世博会与展览馆

世博会、水晶宫、埃菲尔铁塔

　　欧洲的王公贵族多热衷于收藏世界各地的美术品和古董珍品,带来了欧洲美术馆和博物馆业的繁荣。最初,欧洲各国从其殖民地运来各种珍稀动植物,成立了国立动物园、植物园,又勾起了人们对于异国风情的好奇心,神圣罗马皇帝鲁道夫二世(1552～1612年)异想天开建立的"珍奇百宝屋(Wunderkammer)"就是其中的典型。法国资产阶级革命之后,鲁道夫二世收集的这些珍奇异宝开始对普通市民开放,参观珍稀展品激发了人们的求知欲望,成了人们的娱乐活动之一。由此发展出的世界博览会不仅陈列各国各地特色珍品,巨大的综合展示场地(展览馆)也代表了由石质建筑时代向钢铁玻璃建筑时代的转变,世博会展馆可以看做是是20世纪建筑的标志性象征。

　　第一届世博会于1851年在伦敦举行。这是继奥运会之后又一次国际性大型活动,它向世界昭示了大英帝国的威严。1851年世博会上最引人瞩目的就是以玻璃与钢铁建成的巨大建筑物水晶宫。从外形上看,这座水晶宫是以北欧王公贵族间流行的温室为原型建造的。

伦敦世博会的水晶宫（1851 年）

在此之前，英国北部和德国的王公贵族就拥有用于培育植物的温室。1844 年至 1848 年，英国王室在伦敦西郊的克佑区以玻璃为外棚搭建了一所植物园，这就是水晶宫的原型。建筑材料用了"3800 吨铸铁、700 吨炼铁和 30 万块玻璃"。[①] 世博会不仅是主办国的国家级庆祝活动，对于参加国来说，也是利用广告进行宣传、商谈，并与别国合作的大好机会。

当时，作为工业革命的发源地，英国是资本主义国家中的领头羊，伦敦集中了最新工业制品，拥有大量从殖民地搜罗来的展品，包括最先进的工业制品、地方特产、艺术作品、世界各地的珍品等等，可谓丰富多彩，包罗万象。前来参观世博会的人数达到 600 万之众，伦敦世博会因此获得了巨大成功。但在此之后，欧洲列强和美国的工业力量迅速壮大，逐渐缩小了与英国之间的差距。

4 年之后的 1855 年以及 1867 年，世博会在巴黎召开，当时的皇帝拿破仑三世视此为发扬国威的大好时机。但 1855 年巴黎世博会只吸引了 550 万参观者，低于 1851 年伦敦世博会的记录。到了 1867 年的巴黎世博会，参观人数终于达到了 680 万。从这之后，世博会定期在欧洲和美国举办。

---

① 参见吉见俊哉《博览会的政治学》。

与此同时,日本人也开始关注世博会。1862年的伦敦世博会时,处在江户时代末期的日本第一次派出使节参加。随后,岩仓使节团又参加了1873年的维也纳世博会。一行的出访见闻记录在《美欧回览实记》中。日本馆的珍奇展品,引起了欧洲人对东洋的注意,也为"日本主义①(Japonisme)"的流行创造了契机。而日本在观摩了西洋世博会,也于1877年在东京上野举办了日本劝业博览会。这是日本国内最早的博览会,由政府主办并经大力宣传,吸引了很多喜爱欣赏珍品的市民前来参观。此后举办博览会成为一股风潮,各种类型的博览会在日本国内遍地开花。

1889年在巴黎召开的世博会至今仍为人们津津乐道,这恐怕要归功于其标志性建筑物埃菲尔铁塔的建设。这座高300米的铁塔当时是世界上最高的建筑物,更是人们的话题中心。防风以及结构上的技术等等,有关埃菲尔铁塔建造的问题简直堆积如山,所幸都被设计师们一一攻克。

施工中的埃菲尔铁塔

---

① 译者注:日本主义指19世纪中叶在欧洲(主要为英国和法国等文化领导国家)掀起的一股关注日本的热潮,盛行了约30年之久,日本美术尤其受到追捧。

埃菲尔铁塔顶部的观景台

埃菲尔铁塔使用了大量的钢铁材料,因此它被称作是机械文明时代优雅的象征。虽然塔内也使用了传统的阶梯和螺旋式阶梯,但同时也可以利用电梯在塔内升降,这确立了近代高层建筑内运送乘客的方法。在技术上埃菲尔铁塔亦有革新,塔顶部是观景台样式,并设计了玻璃外墙的餐厅、咖啡馆,很受游客的欢迎。1900年,塔顶开设了店铺,搭建了玻璃顶房屋。埃菲尔铁塔实现了人们自古已有的梦想——从天上俯瞰广阔的人间。

在世博会场馆内搭建起的日本馆继承了日本传统建筑文化的水平方向性。其展览并未依赖玻璃,而是如下页图所示,采用了开放的平房式构造,与埃菲尔铁塔的垂直方向性形成了鲜明的对比。由此可以发现日本与欧洲建筑不同的文化特征。世博会是促进当时最先进的文化与世界各地文化相互交流的启蒙性活动。世博会的这一特征也为现代世博会所及继承。

以上讲述都是世博会光鲜亮丽的一面,然而在对待区域文化时人们的态度,却反映出世博会的阴影部分。实际上,世博会将不同国家的人和偏远地区文化作为满足人们好奇心的稀罕物展示出来,本身就包含对他们的轻蔑,是一种野蛮的行径。展馆里展出的大象、狮子等珍稀动物自不必说,甚至把人也作为了展览的一部

第 5 届巴黎世博会的日本馆（1900 年）

分，无视人权、种族歧视、轻视表演者的现象屡见不鲜。在美国举行的圣路易斯世博会，为了夸耀对殖民地菲律宾的控制权，美国甚至在场地内搭建了大规模的"菲律宾村庄"，傲慢地导演了一场杂要剧。

世博会的阴暗面与之后全球化进程中的南北问题也不无关联。在"发达国家"展示的最新技术中，甚至可见武器的身影，特别是德国财阀克虏伯公司制造的巨型大炮，成了人们热议的对象。如同克虏伯公司参与了第一、第二次世界大战，19 世纪后期举办的世博会也明确表示了对战争和南北对立等 20 世纪阴暗面的认可。

新的事物、文化刺激了人们的好奇心和欲望。世博会上的各种信息通过不断传播，引起了一系列的连锁反应。此后，世博会已经不再只是人们开阔见闻的场地，觉察到世博会影响力的企业家开始在这里推销新商品。人们受到商家销售策略的鼓动，接二连三地开始了冲动性购买。进而世博会成了资本主义向前发展的牵引力，它不仅促进了商业的繁盛，更成了发扬国威的最佳场合。

在这一近代化的庆典上，人声鼎沸，一派热闹的景象。同时，喧闹和混乱也随之而至。敏感的艺术家们准确地捕捉到了这一时代动向，并展现于自己的艺术作品中。意大利的画家翁贝托·薄伽尼画出了《街道的喧嚣涌入室内》(The Streets enter the house)。画中传递出这样的景象：窗户破碎，街上的所有噪音一股脑地侵入房间，喧闹不堪，一片混乱。这幅画传递了画家对战争的预感，以及对怒涛一般奔涌而来的近代文明的不安和警示。

尽管如此，钢铁和玻璃组成的 20 世纪欧洲建筑风格还是着实地发展了起来。布鲁诺·陶特设计的"玻璃之家"在 1914 年的科隆工艺展览上大获好评。这座彩画玻璃制建筑物使用了大量玻璃和钢铁,是近代建筑史上的非凡之作。布鲁诺之后又到过日本,他对桂离宫的赞美也颇为著名。在展会上得到同样关注的,还有"包豪斯"的设计者沃尔特·格罗佩斯。

《街道的喧嚣涌入市内》(薄伽尼,1911 年)
(Selbmann, *Eine Kalturgechichte des Fenters*.)

"玻璃之家"(布鲁诺·陶特,1914 年)

3 由装饰性到功能性

装饰性建筑的消失

近代欧洲建筑经历了巴洛克风格、洛可可风格的阶段,到了19世纪末20世纪初,青年艺术风格、新艺术运动、装饰派艺术等催生了装饰性文化。这股艺术风潮与建筑材料有着密切的关系。硬质的石材、砖、玻璃是从大自然中直接获取的无机物,以此为材料的建筑给人冷冰冰的印象,很难创造出舒适愉快的居住环境。

欧洲人喜欢使用装饰,有时甚至到了过分的程度。他们对冷冰冰的硬质建材进行变形、遮盖或是加以装饰,通过改变建筑物和室内的环境,赋予建筑以与人类产生感情共鸣的功能。这反映了加工自然材料使其能为人类服务的"人类中心"思想,也代表了欧洲建筑风格背后隐藏的理念。

但建筑设计上的装饰性文化因为受到近代理性主义之风的影响而逐渐衰退,重视物质文明的时代来临了。存在于手工业生产活动中的师徒制度在20世纪转变为工厂大量生产制度。由此可见,象征着资本主义的理性精神具有驱除装饰性文化的特点。

维尔茨堡的洛可可风格的建筑

装饰派风格的窗户

　　水泥和钢铁取代了石头，成为 20 世纪的主要建筑材料，同时玻璃的制造技术也日臻完善。现代建筑为了追求功能性而大量使用无机物建筑材料，此类建筑物在任何国家的大都市都随处可见。所谓的现代建筑国际化的时代到来了。法国现代主义建筑理论家勒·柯布西耶（1887～1965 年）提倡去除装饰、合理建造水泥建筑物和高层建筑物，他的这一理论是建筑由装饰性向功能性过渡的转折点。在同时代的德国，此时也开始了一场"包豪斯运动"。

包豪斯学校

　　包豪斯学校改变了以往的装饰性文化，并决定了近代建筑的发展方向。这座工艺美术学校是由建筑师沃尔特·格罗佩斯（1883～1969 年）于 1919 年在德国的魏玛设立的。保罗·克利、瓦西里·康定斯基、里欧纳尔·斐宁格等艺术家都曾参与到教学中。1919 年，包豪斯学校伴随魏玛共和国的成立一同诞生，这一事件具有历史性的象征意义。当时的德国正处在师徒传帮带制度向工厂大量生产制度转变的时代，在这个第一次世界大战后的转折期，人们普遍认为手工艺之国德国应该拥有适应新时代的建筑理念。随着近代社会的变迁，手工艺技术或是被工厂批量生产制度所吸收，或是随着近代化的发展而逐渐被摒弃，手工业技术的发展陷入了危机。

包豪斯·德绍校舍

校舍内的教室

　　格罗佩斯将建筑称为"综合艺术作品"或是"综合住宅建筑"，并将实用性和功能性置于同样重要的位置。哥特大教堂是中世纪时期的综合性建筑，格罗佩斯认为将其改造成现代风格，去除繁复的装饰，营造出立体的空间，就是自己理想中的建筑形象。包豪斯的理性主义就是在碎片化、分裂化的时代中追求统一的功能之美，可以将之视为近代建筑发展的起点。包豪斯普遍使用的建材为钢铁、玻璃和水泥。格罗佩斯也由此成为了 20 世纪新时代建筑史中的领军人物。

包豪斯的建筑使用近代风格材料建造，追求功能美和合理性，在当时颇负盛名。虽然包豪斯的理念涵盖不同的领域，但与第一次世界大战后发展起来的新现实主义（重视新写实主义、现实主义、客观性和理性的文学艺术运动）以及俄国的形式主义（分析功能以及形式的理论，应用在语言学和文艺理论等方面，其思想后为构造主义所继承）在某些方面有着千丝万缕的联系。

上页所示的是位于德国德绍的包豪斯学校的教室和校舍。它的主要建材是钢铁和水泥，同时也大面积地设计了玻璃窗户，是现代建筑的典型代表。但是，包豪斯学校却为重视传统的德国保守派建筑师和手工艺人所诟病。这次建筑史上的前卫运动随后不幸在政治上遭到攻击，纳粹党和右翼分子称包豪斯的创立群体为共产主义者和犹太人集团，对其进行中无生有的诽谤、中伤。尽管如此，包豪斯学校还是得到了爱因斯坦和诺贝尔文学奖获得者格哈特·霍普特曼的支持。

由于反对运动的影响，包豪斯艺术学校于 1925 年由魏玛迁往德绍，又在 1932 年迁往柏林。希特勒本人喜好华丽壮观、压倒一切的古典主义建筑构造，而非近代的功能性和理性主义，因此包豪斯所提倡的理念也为纳粹党所不容，学校最终于 1933 年被迫关闭。

根据现代的研究，包豪斯学校设计的建筑物竟然与当时的法西斯主义者——意大利总理墨索里尼下令建造的建筑物有相似之处。因此，虽然包豪斯的建筑理念与纳粹的艺术理论互不相容，但真正导致两者相对立的根源还是包豪斯创立者们的政治态度。第一次世界大战之后，建筑物追求理性主义、功能主义已成为时代的趋势，包豪斯所追求的目标正是当时世界上各城市所顺应的主要潮流，即去除建筑物的装饰性，建造注重功能性的建筑。

日本有关包豪斯的报道，最早见诸于美术杂志《水彩画》，是评

「窗」的思想史

论家仲田定之助于 1925 发表的,文章记述了他在魏玛的见闻。日本留学生水谷武彦(1927～1928 年于德绍留学)、山协严、山协道子夫妻(1930～1932 年于德绍留学)等受包豪斯理念的影响,回到日本后,开始向国人介绍包豪斯。由于留学生的宣传,日本得以了解欧洲建筑业的最新动向,同时也有一部分新进建筑家也开始关注包豪斯学校的理念。

第九章　从垂直志向转向水平志向

1 "资本的逻辑"和"9.11"恐怖袭击事件

后现代主义建筑的垂直方向性

如前一章所述,建筑史上的装饰文化自 20 世纪起开始衰退。后现代派时期之后,建筑逐渐丧失了其象征性和装饰性。钢铁、水泥、玻璃等包豪斯风格建材被频繁使用,无机质新建筑设计成为 20 世纪建筑的主流。为了满足逐渐增长的建筑材料的需要,人们开发了批量生产方式。建筑与时代的变迁息息相关,成为了资本主义发展历程中不可忽视的一部分。

20 世纪高层建筑物的外墙多采用玻璃和水泥,以营造出物质主义的现代都市景观。水泥和"玻璃的增殖"现象,与建筑的垂直方向性相结合,共同组成引领 20 世纪建筑风尚的美国大都会景观。其中的标志性建筑物就是建于 1931 年的著名的帝国大厦。矗立在纽约的这座摩天大楼,昭示着美国时代的到来。

建筑史学家托马斯·列文在《摩天大楼与美国的欲望》中将摩天大楼比作没有教会设施的"商业大教堂"。"在商业活动中心建起的这座高塔,上面的每一颗钢钉既是商业舞台上的装置,同时也是表现自由贸易、自由竞争等原理的最佳模型。"与此同时,对于美国资本主义和基督教徒的关系,列文做了以下的分析:

对很多欧洲人来说,积累财富是罪恶深重的行为,但美国人却远远地超过了其先辈认可的界限,大胆地追求财富。根据《圣经》,

帝国大厦全景

帝国大厦仰视

基督教的信仰与商业是完全不相容的，但美国人以多种方式解释《圣经》，利用自己的创意获得了自由。为了积累财富而疯狂工作的理念虽然与封建的旧世界背道而驰，却作为新世界民主主义的象征为人们所推崇。

帝国大厦的建立正值第一次世界大战结束后不久，弥漫世界的恐慌情绪刚刚有所缓解。大厦的建立象征着美国资本主义的发展。443 米的高度，使其得以长期占据世界第一高楼的宝座。这不仅是物理上的高度，更是经济上的高度。尽管如此，美国人并没有从道德角度出发对财富进行合理再分配，而是在追求利润之路上开始向前狂奔不止。

大量生产、大量消费是资本主义的原理，也是继承了欧洲文明的美国文明之核心准则。在郊外建立的大型超市、巨幅广告牌、玻璃陈列橱窗、得来速（Drive-through）式的美国销售风格，都是泡沫经济初期被大力鼓吹的美国精神之代表。现在的日本和欧洲也继承了同样的商业体系，经过市场调查制作出的商业广告，整日在各种媒体上进行播放。这正符合了资本主义通过商业宣传激发人们的购买欲望，促进商品的流通和周转，从而达到获利目标的原理，这种商业体系今后也将会被继承下去。

基督教的教堂是人们表达对神的崇敬的场所，王公贵族的宫殿以及独裁者的府邸则是他们夸耀权利之地，而作为垄断资本的领地，摩天大楼则是财富与欲望的象征。鳞次栉比的楼群内，各楼层之间被分割开来，具有通风功能的窗户为空调所取代，高层建筑这种庞然大物着实导致了人类与自然之间的分离。墙壁将各个房间分割开来，呈现出与现代社会同样的"胶囊化"孤立空间。

玻璃窗户可以说是反映这种现象的标志。建筑家黑川纪章在其著作《新版共生的思想》中写道：后现代风格的建筑失去了趣味，人们即使是在街头散散步，也会感觉身心疲惫。从人类的角度看，都市不再是人们放松的空间，而成了遍布无机物玻璃和水泥的森林。现代建筑丧失了装饰文化所有的游乐精神，彻底走向了非艺术化。

20 世纪初，人们出于对理性和功能的追求，催生了被分割的孤立的都市无机质风景。现代建筑群越来越高，越来越密，却缺少有机的统一性,既不像圣家族大教堂那样,有高迪寄托的对天主教的狂热崇拜,也偏离了包豪斯学校内格罗佩斯提倡的理念,即作为综合艺术,建筑应拥有的统一性。现代建筑最终衍生出的是自由竞争和"资本的逻辑",这大概是垂直志向的现代社会的宿命吧。

窗与"9.11"恐怖袭击事件

2001年9月11日,一架美国飞机被恐怖分子劫持,并撞向世贸中心大厦,这起恐怖袭击事件真实地反映出了现代社会中存在的矛盾。这座110层410米高的摩天大楼,代表了高层化、钢铁化、玻璃化这些最先进的现代建筑水平。其设计者是日裔美国建筑师山崎实。然而,对这座象征美国经济繁荣的高塔发动袭击的却也是现代文明的果实波音767飞机。这座大厦当时有来自各个国家的5万多名员工在工作。从这一点上看,世贸大厦与中世纪时集中了各国朝圣者的基督教堂也有相似之处。世贸大厦的特殊地位使它成为了穆斯林极端分子袭击的目标。

"9.11"恐怖袭击事件,燃烧中的世贸大厦

恐怖分子的另一个袭击目标是美国军事部门的核心国防部所在地五角大厦。这座呈五角形的大厦建于第二次世界大战时期,是美国防卫力量的象征,恐怖分子明显是以美国的军事力量为攻击目标的。这两起针对美国经济和军事重要部门发动的恐怖袭击是同一个恐怖组织所为。

美国在20世纪前半期的发展为"美国世纪"的到来奠定了基础,在这50年间形成的"摩天大楼"传统也成了欧美高层建筑和资本主义的象征军事力量的发展根基。在最小的土地上集中发挥最大的效益,这正是资本主义欲望的内在机制。辽阔美国大地上矗立着的高楼大厦,仍旧继承了欧洲文明的传统"塔"的垂直主义思想。美国不断壮大的军事力量不仅印证了其信奉以最高点为终极目标的垂直主义思想,也是促使这种思想进一步发展的体制。而"9.11"恐怖袭击却着实在这种体制的核心上狠狠划了一刀,在重创美国军事体制的同时,也暴露出了其久已存在的漏洞。

"9.11"恐怖袭击之后,因世贸大厦坍塌而在地面上留下的巨大坑洞就如同为资本主义掘出的一个墓穴。这次袭击事件导致约3千人的死亡,给成千上万美国家庭带来了悲伤。美国虽然拥有核武器和强大的军事力量,但恐怖主义却防不胜防,在袭击事件发生时无法立即采取有效对策。这次袭击也是美国向伊拉克发动报复式战争的导火索。

布什总统宣称"不做朋友就是敌人",究其根源,这种非黑即白的理论也来自于欧美一神论的思想。在长达10年的阿富汗战争中,尽管美国及其同盟国家拥有强大的军事能力,但是想要有效防范恐怖组织的袭击也并非易事。伊拉克战争的核查结果显示,美国所持的"正义"理论仅仅是其单方面的说辞。对军事力量的一味迷信,导致了美国在越南战场上的失败。而介入中东战争,对美国来说也不啻于一记重拳沉重地打击了美国的实力。

资本主义在美国国内也引起了人口过密与人口过疏的矛盾,导致了地区之间人口分布不平衡的现象。但美国模式的出现,的确为现代文明的进步提供了原动力,并推动了国际化的发展。日本紧随其后,遵循了美国的发展模式。越来越多的发展中国家开始以美国为目标,但最终这却带来了两极分化、民族战争、环境破坏、南北对立等诸多问题,大量生产、大量消费的连锁性社会构造也导致了社会财富分配严重不均衡等问题。中泽新一在《绿色的资本论》中认为,"对称性的世界"崩塌了,取而代之的是"非对称性

「窗」的思想史

的世界",他的分析如下:

> "富有的世界"与"贫困的世界"相对立,两者呈极端非对
> 称关系。"贫困的世界"受到"富有的世界"的威胁,其所坚持
> 的价值和骄傲似乎都受到了侵犯。实际上,在"富有的世界"
> 里,"集聚化"正愈演愈烈,相应的非对称性也越来越严重。"富
> 有的世界"滥用其强大的政治力量、军事力量、经济力量,不断
> 欺凌"贫困的世界",并将自己的世界中的信仰、欲望、体制强
> 加到对方的世界中,对"贫困的世界"来说,这是一种暴行,也
> 是一种屈辱和损害。或许就是这样极端的非对称性,招致了
> 恐怖主义的恶果。

这显然是针对美国发生的"9.11 事件"所做出的评论。的确,
美国文明继承了欧洲文明,进一步衍生出拜金主义、军事力量的不
平衡、贫富差距等极端矛盾的问题。最终,弱者的愤怒点燃了恐怖
主义之火。

在"非对称性的世界"中,人与人、人与神、人类个体与人类整
体、国与国、南半球与北半球之间的关系,都被分割得七零八碎。
在社会的繁华景象背后,我们仍可以窥见荒芜的不毛之地。即便
如此,由愤怒和怨念引发的疯狂的恐怖主义行为也是不能容忍的,
因为这些破坏行动只能招来连锁式的复仇,人类只会因此在仇恨
的泥沼中越陷越深。为了避免这种惨剧的发生,我们有必要在这
种人与人之间逐渐疏远的现代,在这片支撑人类共同体生活的土
地上,重新探讨人类存在的意义。

在 21 世纪的"非对称时代",人们以"功能性""便利性"为目
标,用钢筋和玻璃不断建设高楼大厦。窗与都市一同发展,不断繁
衍增殖。自古以来生活在自然界中的人类,在都市中逐渐远离了
自然,变成居住在高空的种族。处于这群种族最高点的美国垄断
资本主义商人,从古时"神的位置"向脚下的世界不断发送商业信
息。从全球的角度来看,该行为助长了"非对称世界"的不平衡性,
然而人类并没有意识到这一点。尽管人们看到了世贸中心的崩
塌,看到了钢筋玻璃建成的摩天大厦被焚毁,却没有意识到这种垂

直志向背后所隐藏的美国文明中非对称性的矛盾，更没有针对如何改变这一现状去进行思考。

2　摆脱美国一专独大主义

欧盟的尝试

如上所述，虽然硬质的玻璃创造出了无机质的"美丽"都市景观，但我们仍可以窥得其脆弱的一面。德国戏剧家毕希纳在19世纪30年代就曾这样形容过近代文明的脆弱性：地面上覆盖的只是薄薄一层地壳，不知道什么时候便会破裂，人们就此落入地狱的深渊中去。他的这一预言同样适用于21世纪的今天，世贸中心被焚毁后遗留下的巨大坑洞，即让我们见到了现代文明下方的无底深渊，最近发生的福岛核电站事故更使人们意识到了现代文明的脆弱性。但是，人们在坠入无底的深渊后，是否一定就能找到出口呢？在此，我想谈一谈寻找出口的方法。以下谈论的话题中，可能会有超出窗和建筑以外的内容，但这种论述实际上是从窗和建筑生发而来的，希望得到读者的谅解。

欧洲是美国文明的发源地，而在这里，除了垂直主义和强者思想，还有一种与其完全不同的重视横向关系的共生思想。在中世纪，曾经有一次跨越了民族、国籍、地域、宗教和语言的差别，并将其统一起来的宽容性尝试。这便是哈普斯堡家族创立的神圣罗马帝国。这个帝国由伊比利亚半岛一直延伸到中欧、东欧，控制着欧洲的核心区域。尽管对于这种统治的实质，人们有着各种不同的看法，但是神圣罗马帝国的确以基督教为依托，统一了多个民族、多种语言以及多个区域，可以将其视为重视横向连带关系的欧盟之雏形，那也是多种文化共生，而非单一民族统治的实例。

经过对第一次世界大战和第二次世界大战悲惨结局的反省，欧洲各国共同成立了欧洲联盟（European Union）。现在欧盟成员国共有27个，人口总数超过了5亿，GDP相当于日本的3倍。2011年，欧盟成员国中的17个国家开始使用欧元，当我们来到欧洲并在各个国家使用同一种货币欧元时，就能够实际感受到欧洲联盟的效果。那首先省去了兑换货币的手续费，使人们从入境时繁琐的货币兑换手续中解放出来了。

欧盟也排除了英语万能主义以及语言的国际化,而是大力实行多语言主义。现在,欧盟贯彻平等对待 27 国语言(由于有些国家通用一种语言,所以实际语言数是 23 种)的原则,这象征着欧洲正在实行横向联合的理念。尽管翻译和口译程序较为繁琐,也给人们的交流带来不便,但是从尊重民族的文化财产语言这一角度来看,多语言主义使得欧盟内部各民族的文化得以共生,因此这种理念得到了欧盟的重视。

欧盟旗

欧盟在其内部进行多文化主义共生的实践,其思想与 21 世纪"去对立、谋共存"的理念相一致。在美国的一专独大主义阻碍国际化进程的今天,欧盟能够冷静地处理好伊拉克战争问题,显示了欧洲各国结为一体之后的理性。可以预见,将来的世界经济将会形成三极构造,即欧盟的欧洲经济圈、美国经济圈以及东南亚经济圈,这三个经济圈将会引领世界经济的发展方向。

20 世纪中期,欧洲刚刚从第二次世界大战的混乱中恢复过来。但是自此之后,欧洲内部就再也没有发生过战争(科索沃战争实际上并不是发生在欧洲区域之内)。欧洲维持了 60 多年的和平,这可以说是欧洲各国对于悲惨战争的反省以及努力争取和平的结果。

欧洲的和平理念也反映到欧盟的盟旗和盟歌之中。盟旗以蓝色为底色,构图是 12 颗金星,蓝色是欧洲人最喜欢的颜色,让人联想到深邃的宇宙。12 颗金星在基督教中代表 12 使徒,也是时钟上

12 小时的象征,它们代表了循环、和谐的意义。盟旗展现的是蓝色的晴朗夜空之上群星闪耀的景象,是和平、平等的标志。

与欧盟相关的建筑物,大多也是圆环状或重视水平方向性的。如欧盟议会的大会堂,它坐落于法国斯特拉斯堡的欧洲议会大厦内,是圆形的低矮玻璃建筑物。位于比利时布鲁塞尔的欧盟总部大楼呈圆形,表面均为玻璃。可以说,在欧盟建筑上,我们看到的不是垂直上升的方向性,而是水平方向性。

3 共生和水平志向的范式

投向未开化社会的目光

面对"玻璃增殖"所代表的现代文明的缺陷,即资本主义理论中的欲望,也有人在不断地敲响着警钟。他们所持的立场是:不应该只以现代社会的标准来衡量,而应该站在人类的原点上审视这个世界。法国的列维·施特劳斯可以说是最精通现代文明和"未开化的社会"中人类生活的人类学家之一,他曾做过如下分析:

> 针对澳大利亚、南美、马来西亚、非洲等地的诸多调查显示,那里的劳动人口每天只工作 2 到 4 个小时,这个劳动量对于供养包括未参加劳动的子女以及无法再参加劳动的老人的家庭来说,已经足够。这一点和现代社会耗费大量时间在工厂或办公室中工作的人相比,差异是如此之大。

> 而将这些地方的劳动人口看做是听命于环境的奴隶,那完全是错误的。他们远远不像农牧民那样依赖于环境生存。他们所拥有的闲暇时间,给想象留下了大量的空间,这空间成为了他们与外部世界之间的缓冲装置,使得信仰、梦想、礼仪等宗教艺术活动可以进入到他们的生活当中去。

欧美列强曾以将文明输出到"未开化社会"为借口,在世界各地宣传基督教,推行殖民地政策。尽管时至今日,欧美列强已经收敛了对殖民地露骨的统治,但所谓的全球化文明还是广泛渗透到世界各地,破坏着所谓"未开化社会"人们的生活,并对自然不断进

"窗"的思想史

164

行改造。欧洲和美国文明如同巨型推土机一般,力图摧毁那些生于自然的古老仪式礼节。身处文明社会中的现代人,早已丧失了慢慢考虑"信仰、梦想、礼节"的空闲,旧有的风俗习惯更是作为过去时代的遗物被埋葬起来。面对这一现状,列维·施特劳斯又一次将视线投向了还在偏远地区与大自然为邻的人们的生活。

列维·施特劳斯在其《忧郁的热带》一书日文版前言中所写的,或许对我们是一个启示:

> 在写这本《忧郁的热带》的时候,威胁人类的两大灾祸仍然存在,它们分别是忘记人类自己的根源和以自身的增殖破坏我们赖以生存的世界。在近半个世纪之前,我已对此深表不安。我们需要的是忠实于过去,在科技带来的变革的间隙中找到某种意义上的平衡,这一点或许只有日本所做的才算是成功的。

生活在东亚季风气候区的日本人的确保有与自然共生的思想。自古以来,日本人在建筑艺术上追求的也是水平志向而非"自身增殖"的垂直志向,但不可否认列维·施特劳斯还是过高地评价了日本文化。只不过除去这一点,可以说他还是十分冷静地观察到了欧洲文明中存在的负面问题。

列维·施特劳斯所说的人类"自身的根源",其中就包括在大自然中的生活,具体来说就是与先进文明相对立的边境地区的人们生活。在日本的东北地区、北海道、鹿儿岛、冲绳等人口稀疏的地方,人们的生活往往扎根于自然之中。而放眼世界,欧亚大陆、美国、南美、澳大利亚等地,其原住民的生活方式也被继承了下来。北美大陆上美洲原住民的生活也得到了传承。在远离文明化、都市化的偏远边境地区,那些没有能忘记"自身根源"的人们的灵魂正栖息于此。然而,在这个时代,在拥有压倒性力量的现代文明面前,边境地区人们的生活也正面临着巨大的威胁。

范式的转换

建筑也可以纳入文明和未开化、"非对称和对称的世界"这种范式之中。推动欧洲和美国社会进步的理性思考以及自然科学万能主义等现代文明与"未开化社会"之间的关系，如果从建筑领域来看，其实就等同于后现代主义的高层建筑与"未开化社会"原住民的朴素住宅之间的关系。这些由外部的非对称性所引起的问题，实际上能敦促我们重新对反殖民主义进行思考，对现代文明进行批判，并重新审视水平志向等深刻的思想背后所蕴含的意义。

针对这个问题，黑川纪章在《新版共生的思想》中介绍了这样一则有趣的故事。阿拉伯联合酋长国凭借其丰富的石油资源，获得了大量的收入，并将这些资金投入到国民住宅的建设中，由美国人设计出了一批现代化的住宅。然而不久后，人们却发现这些新住宅完全不适合居住，有关人士对这一现象进行了调查之后，发表了以下结果。

建筑物是水泥的二层楼房，与建在美国加州土地上的美式住宅相仿。住宅全部装配了空调和汽车库，这些光鲜亮丽的楼房在沙漠中拔地而起。然而，走去一看，却会发现贝都因人却住在搭建在新住宅旁边的帐篷里，他们把新房子当做了羊圈，里面堆满了各种喂食牲口的饲料。

在沙漠地带，空调基本上起不了太大作用，水泥房子也不适合昼夜温差极大的沙漠地区的气候。黑川将这一情况报告给了承担项目设计的美国建筑师，却得到了这样的回答："其实，我最初设计的时候，也没有想要让沙漠里的人们住得更舒适。不管怎么说，这些发展中国家的人迟早需要以汽车代替骆驼、以楼房代替帐篷，过上现代人的生活。因此，我们难道不应该尽早地教会他们这些事情，使他们能够习惯住在这样的房子里吗？"

也许很多美国人是出于好意，然而他们所持的进步主义的文明史观，令他们相信人类的发展历程只有一种，除此之外别无他途。他们所学习的近代建筑设计是最优秀的，而使用骆驼和帐篷的生活则是落后的。显而易见，他们是将自己置于高处，以蔑视的目光来审视这个世界。

如果将现在生活在城市中的人们流放到爱斯基摩人居住的北极去过冬，他们一定会倍感艰辛，甚至生存不了多久。而如果将他们放到游牧民族生活的沙漠地带去的话，估计情况也不会有什么差别。在条件恶劣的自然环境中,人们逐渐学会了如何保证粮食和水资源的供给,如何建造适应自然的居所。如果没有这种长年培养出来的生活智慧,人类是很难生活的。从这一点上来看,不仅不能将"未开化的生活"称为落后的文明,反而现代人筑起的高楼大厦更像是沙地上的楼阁,极不稳定且随时都会有危险。

在日本最能代表这种文化上巨大差异的例子,当属东京这座摩天大楼林立的大都市与为人口减少问题所困扰的人口过疏区域之间的对立。黑川纪章在《新版共生的思想》中也谈到,日本应该尽量避免东京一极集中化的发展方式,转而将资源分散化。具体来说,黑川认为日本不仅需要在国内建立起便捷通达的交通运输网络,还要建设好属于第三产业的"信息网络"。

黑川纪章指出:"工业化社会中的主力第二产业在很大程度上依赖于资本、生产力、消费力的集中,因此也容易出现'集聚效应'"。而通信、文化教育、服务等第三产业"依赖于文化的积累,因此小城市经济并不会成为'集聚效应'的牺牲品,相反小城市还可能会带动大城市向前发展。"

一直以来,第二产业都遵守"资本的逻辑"不断壮大,并推进了大都市一极集中化的进程。这使得非对称化现象日趋严重。好在通过第三产业和信息媒体网络的发展,这种不平衡可以得到一定的缓解。黑川纪章由此提出应该谋求都市和地方的共存,着力实现"对称性社会"。

城市里的生活先进、文明程度很高,这种想法实际上不过是偏见而已。尽管人们一再标榜先进文化的优越性,但是生活在发达国家高层建筑里的人们,如果没有了超市、机械、电气、石油,恐怕什么也做不了。经历过福岛核电站事故,我们不仅对于核泄漏心存恐惧,在面对由于停电而造成的城市机能不全时,恐怕也会有强烈的危机感。而那些曾在自然中生存的、能够顺应自然的人他们才能成为最后的幸存者,因为他们与大地一同生活。因此,各民族需要扎扎实实地积累自己的文化,绝不能轻视生活的智慧和传统。

从这个角度来说,不能过于绝对地看待一种文明,而须以相对化的方式来理解文明。正如列维·施特劳斯所说的那样,文化本身并没有优劣之分,应该以文化相对主义作为水平方向性的重要视点。这种对待其他文化的宽容态度，不正是在多文化的现代社会中回避冲突，实现对未来憧憬的一种人类的智慧吗？可以说，不以居高临下的目光，代之以平视的目光从现在展望将来，就是改变世界现状的方法。

超级扁平的概念

五十岚太郎在《关于现代建筑的 16 章》中，专门辟出了一章，用简明易懂的方式讲解了时下热门的"超级扁平"（Super Flat）的概念。"超级扁平"最早是由现代艺术家村上隆提出的。它属日本的动漫绘画手法，实际上继承了日本《源氏物语》绘卷中泥金画、障屏绘等平面绘画的传统。这一概念不仅适用于动漫，从更广泛的意义上看来，也和现代社会现象有着密切的关系，针对"超级扁平"与建筑理论之间的关联，五十岚的论述如下：

> ……与立体的卷轴和空间组合相比，设计的核心应该是建筑物的外观。虽然建筑物是三维立体的，但它更接近于二维的平面，在玻璃外墙上印出文字的建筑，与等价排列各种信息的电脑桌面十分相似。……"超级扁平"的另一个特点是，瓦解了建筑艺术上的等级制度。这个问题可以从多个层面上来考虑。比如，按照"超级扁平"概念设计出的一些建筑没有去刻意设置建筑外表与内墙的差异，也没有突出空间的优劣性。

对于如何看待这一主张，人们还存在着不少分歧，但是这一主张的确同本书第八章中论述过的钢铁与玻璃窗所构成的玻璃高层立体建筑有着密切的关系。玻璃本身虽然是扁平状的，但在应用到建筑上时，凭借钢铁等建材，使玻璃不断增殖，可以建造出三维立体化的高层建筑。但正如我们在液晶电脑的屏幕上所看到的，玻璃使得全球化社会中的所有信息都能够以平板画面的形式呈现出来。五十岚在同一本书中针对此举出了具体的例子："比如说，在涩谷车站前的 Q-Front 大厦，其最大特征就是透明玻璃屏幕上放映的巨大影像。"

源自动漫的"超级扁平"这一概念,最早是为了揭示现代建筑的本质,而开始被运用于建筑学领域的理论中。如上所述,受到现代垂直志向的影响,建筑开始追求高层化,且过分追求功能化。现在确实到了应该对现代社会立体化建筑的现状重新进行审视的时候了。笔者认为,资本主义的经济活动与建筑艺术的发展密切相关,巨大的矛盾和弊端也由此产生,针对这种现状,我们也许有必要对传统日本建筑的特征进行思考,并思考回归水平方向性的可能性。

列维·施特劳斯提倡回归到人类原本的生活状态,而"超级扁平"的概念就是代表此种生活状态的一个非常极端的例子。不过,通过追求水平方向性,垂直方向性的建筑,甚至那种社会构造都会重新得到审视,从而使向"对称性的世界",即共生社会范式的转换得以实现。

尽管不属于"超级扁平"的范畴,但在欧洲,特别是重视自然环境的德国,人们已经开始实实在在地践行水平化。这就是引人瞩目的"市民农园"项目。市民农园是将一处集中的土地分割为各约100平方米的田地出租给市民,在城市的近郊形成一片绿地。市民农园也是城市环保措施的一部分,具有防止破坏自然、保护土地的作用。而建筑的水平方向性在这里体现为平房型小别墅的建造。

居住在高层住宅或二层以上住宅中的市民,一般会在近郊租借一处带有田地的房屋,在那里与自然亲密接触,度过悠闲的假日。这样他们可以和当地居民进行交流,不仅能让孩子在大自然里学到更多知识,还可以让老人生活得更舒心。同时,自己种些蔬菜、水果,收获的时候又有趣又省钱。

日本虽然也有类似的小规模租借农园,但是还没有将平房的建设列入城市发展规划。而在德国,这样的市民农园规划不仅只存在于地方,甚至已经被推广到了全国范围。各地的市民农园爱好者协会等非营利性组织在运作这一项目,组织方式也不仅限于地方,而是构成了城市、州、联邦的金字塔形全国性网络。依据市民农园相关法规,为了保证租借人的合法权益,国家甚至特别出台了相关的税务规定。这种组织方式,有别于欧洲以往的垂直方向性原则,倒是与日本的水平方向性和缩小化息息相关。市民农园

德国锡根的市民农园入口，农园里的房屋原则上是平房

运动表明，与自然的接触、对环境的保护、同邻居的交流等，这些列维·施特劳斯所说的向人类根本存在方式的回归，即使在"文明的国度"里也是可以实现的。

第十章　窗的变形

1　加速化和流线型化

速度和窗

　　日本和欧美的窗文化,都是基于本国的历史不断发展而来的。窗户使得建筑物和城市景观有了很大的变化。本书截至第九章都是针对作为建筑物的固定附属物——静态的窗户的分析,而实际上,不仅是建筑物,在动态的交通工具上也可以见到窗户的身影。

　　起初人类驯服马等动物以获取役力,后来开发出交通工具并利用其所具有的动力搭载自己去往目的地。装在这些交通工具上的窗户,根据空间移动的概念就具有了动态的特性。从近代到现代,蒸汽机车、船舶、汽车、火车、直升飞机、喷气式飞机、磁悬浮列车等交通工具快速发展,它们的主要目的就是缩短交通时间并实现大批量的运输。这些交通工具的窗户多是玻璃材质,最初是为了遮蔽风雨而设置的,之后不断进化完善。

　　20世纪交通文化的特征可以用"加速化"和"流线型化"这两个关键词来概括。而交通工具上所附着的窗户,也遵循着同样的规律,开始了自身的变形历程。在这一章中,笔者首先分析汽车和窗户之间的关系,以揭示窗户在交通工具发展过程中所起的作用。

　　汽车原本是由欧洲的马车进化而来的。购入高价的自用马车,饲养马匹,雇佣马夫,是一笔很大的开销。因此,过去一般只有拥有贵族以上身份的人才能拥有马车。自用的马车,往往是普通老百姓艳羡的对象,对于有钱人和贵族来说也是他们身份地位的象征。

　　下图是 19 世纪的汽车,由于当时的交通工具主要是用于移动和运输,所以车上都没有安装窗户。戴姆勒的早期车型(1887 年)时速为 10 公里,为当时汽车的平均时速。1904 年到 1905 年间的阿德勒汽车时速达到 65 公里;1911 年到 1914 年,同样是阿德勒汽车,其时速已经增加到 115 公里,汽车提速之快,可见一斑。为了适应提速,汽车不仅装配了前挡风玻璃,在箱型车体的两侧以及后部也装上了窗户玻璃。

　　在汽车的封闭空间中,通过玻璃和钢铁(最初是用帐幔)与外界隔绝,形成一个密室。为了能够看清前方的路,就必须利用玻璃的透明性。汽车正前方的窗户玻璃是固定的,但侧面的玻璃一般可以手动打开。

　　下页的美国的福特 T 型汽车率先使用了流水线生产方式,福特汽车在 20 世纪 20 年代的累计生产量约为 1500 万辆。之后,只有大众汽车在生产单一种类车辆方面超过福特,创造了总生产量为 2100 万辆的世界纪录。可以说,福特 T 型汽车揭开了 20 世纪汽车大量生产、大量消费的序幕。在流水线上生产出的福特 T 型汽车风靡世界,使生产成本的降低成为可能,同时也促进了汽车的大众化。不仅是资本家,即便是普通市民的梦想也可能成为现实,汽车飞速地普及开来。车展的轰动效应更掀起了汽车热潮,令其在 20 世纪成为名副其实的牵引资本主义向前发展之"车"。

1886 年的戴姆勒车

20 世纪 20 年代的福特 T 型车

　　20 世纪是个人主义和自由主义的时代,人们都希望能在自由时间内迅速、舒适地移动,同时也希望尽可能多运输货物,人们对于交通变革的一系列欲望和要求正在不断衍生增长。汽车公司通过更新换代和推出新的车型来刺激人们的需求,以进一步扩大市场。而将住房与汽车相联系起来的,就是房车。有度假习惯的欧洲人对房车的需求之大超乎想象,富裕的欧洲家庭使用房车,让房屋整体都移动起来,以便在全新的环境中享受与平日不同的快乐时光。停在风景区里的房车大多车窗比较小,同时覆有窗帘,以保护车内人们的隐私。

汽车前大灯

汽车的前挡风玻璃

其实汽车的车窗和建筑物的窗户一样，都发挥着"眼睛"的作用，同时也是车内与车外的分界线。为了方便夜间行车，汽车又装配了车灯，代替窗户来发挥眼睛的作用。这样一来，人们也可以在夜间移动，逐渐掌握了对黑夜的支配权。

流线型化

通过改良发动机，人们不断提高汽车的时速。与此同时，随着流体力学研究的不断发展，空气阻力被减少至最低限度，汽车的前挡风玻璃也从原来的平面矩形向带有弧度的流线型演化。汽车流线型化的另一个目的是为了节省燃油费，它之所以可以实现，则是因为玻璃这种材料具有易于塑形的特点。

在19世纪末的1894年，赛车运动开始在法国的巴黎、鲁昂等地流行起来，之后赛车的最高时速记录被不断刷新。1930年雷诺车队的赛车速度达到了每小时140公里，比拼耐力和速度的赛车运动被人们狂热追捧。早在问世初期，赛车的挡风玻璃就开始不断变形，流线型玻璃在20世纪30年代快速演进。其传统传承至今日，而现代赛车也正向终极样式进化。新出现的太阳能汽车，车上载有液晶屏幕，汽车的外壳大部分由玻璃组成，这也可以看做是窗户的一种变形。

如何利用玻璃窗户塑造出流线型的车身，不仅是汽车，对于火车、飞机来说也都是需要研究的课题。不需费心举例，从理论上即可知，为了减少空气阻力，这些交通工具都应该采用同一种形状。

流线型法拉利（迪诺，1969 年，1974 年）

太阳能汽车

公路、铁路网的完善，飞机场的建设都是为了提升交通工具的运行速度。不过，人们除了关注速度，还时刻关注着安全性的问题。

德国的齐柏林伯爵发明了独特的流线型巨型飞船，并在 20 世纪 20 年代作为交通工具运行。开设了横跨大西洋的定期飞船航班，其主体是巨大的氢气球。在后期以德国总统兴登堡的名字命名的该飞船全长 245 米，时速为 125 千米，长期船员共有 50 人。在构造方面，飞船的客房设置在整个船体的下部，乘客可以通过窗户看到陆地上的全景，实现自己宏大的旅行之梦。这样的飞船旅行在当时受到了很多人的欢迎，人们沉浸在如画的风景所带来的欢愉中，王公贵族站在维也纳美景宫所看到的风景也无法与之媲美。

然而，1937 年 5 月 6 日，兴登堡号飞船在美国纽约雷克霍斯特航空站突然起火并焚毁。这次空难给人们留下了深刻的教训。这起空难也为创造了出巨大运输工具的技术和文明适时地敲响了警钟。由于飞船技术上的问题，引燃了飞船内部填充的氢气从而酿成火灾，导致飞船坠落。此后，德国不再制造此类飞船，但人类对于巨大化和高速度永不满足的欲望却一刻没有停歇，并在空中和陆地上不断滋长。

乘客从兴登堡飞船的观景室透过玻璃欣赏下面的景色
（Flynn，*Hindenburg*.）

兴登堡号飞船爆炸燃烧（1937 年，同上书）

掌握了德国政权的希特勒，在 1933 年将修建高速公路计划作为政府失业救济工程的一部分，大力予以推进。同时还推出让普通百姓也能买得起大众汽车的构想，激发了人们的财富之梦。一家人其乐融融的自驾游，高速公路旁"行驶没有速度限制"的标语，这一切点燃了人们的欲望之火。

伴随着战争以及资本主义与共产主义之间的军事竞争，流线型化愈趋发达。其中最典型的例子，就是第二次世界大战中各国在飞机的开发上展开了激烈竞争。纳粹当时已经研发出汽油发动机、喷气式发动机、火箭发动机等新兴的引擎设备，同时也研制了秘密武器 V1 火箭弹（最高时速 640 千米）和 V2 火箭弹（最高时速 5500 千米）。近代科学在这场战争中被用来杀戮人类。第二次世界大战之后，宇宙火箭的发明真正圆了人类的速度之梦。

快速化的交通工具将人们带入了一种欣赏"全景式风景"的阶段。人们可以像看电影一样，欣赏窗外不断变换的风景，旅行本身也成了一种娱乐。从窗口向外眺望，看到的风景如同幻影一般变化莫测，速度着实赋予了旅行以巨大的魅力。火车不断提速，并逐渐衍生出高速列车、新干线，飞机在空中飞翔，交通工具高速化使得旅游成为社会的重要产业之一。由流线型带来的高速化超越了国境的限制，在各个国家迅速发展，促成了现代社会高速化时代的到来。

胶囊化

火车、飞机、汽车，在玻璃的阻隔下，在内部形成了一个封闭的"胶囊式"空间。这些交通工具的特征除了快速和流线型，还有就是胶囊化。从车辆内部看，为了扩大视域范围，车辆外壳需具备透明性，因此钢化玻璃成为最合适的材料。

另一方面，玻璃窗户也被越来越多地使用在住宅建设中，而在住宅内部，空调成为了一种常见的家庭电器。在胶囊化的交通工具内部，为了控制温度，空调是不可缺少的。由于很多交通工具内部装有空调，其外壁上的窗户逐渐失去了开关的功能，被设计成不可推动的固定样式。

这些交通工具中，蒸汽机车、电车、火车、高铁、公共汽车、飞机等都是公共的交通工具，虽然其内部也是封闭空间，但不像汽车那样是个人化的空间，而是由不特定的群体形成的"胶囊化"空间。关于封闭空间的分割方法，欧洲火车里的座位以包厢式为主。包厢有进出口，可以锁上，以方便家庭和友人在共同出游时与其他人隔离开来,以拥有独立的空间。包厢里并不对号入座,人们坐在一起时就能轻松地和周围的人打成一片。

欧洲人对于封闭包厢的喜好,来源于他们的马车文化和单人房间的传统。在这个文化的背后,或许还存在着欧洲的阶级社会意识,这与他们宽容同质文化,对本阶级和其他阶级进行严格区别的传统也有关系。原本火车上一等座、二等座的划分也是来源于欧洲的阶级社会。而日本社会从传统意义上来讲是平等型的,尽管也有包厢式的座位,但绝大多数还是采用面对面排放的形式以及新干线上朝一个方向排列的形式,基本没有以包厢的方式进行内部空间划分的例子。

德国城际特快列车(ICE)二等车的包厢

与火车不同,汽车内部是胶囊型的封闭空间,形成了车主的私有空间。汽车具有双重特征:其一是在私有空间内,车主可以拥有自己的隐私权;另一个特征是,汽车具有根据驾车人的自由意愿随时选择目的地这样的优点。这个移动着的胶囊空间通过上锁来保护乘车人的隐私,是个人主义时代最适合的交通工具。以个人为中心,实现便捷、自由的移动,这是20世纪后半期汽车快速普及的原因之一。

胶囊化不仅仅只见于交通工具,现代高层楼房里必不可少的电梯也是其中一例。特别是观光电梯,简直就是玻璃构成的移动胶囊空间。观光电梯可以让人们眺望都市的风景,同时也是一种供人们进入建筑物的工具。除此之外,网吧、电话亭、包间、胶囊宾馆、观光车、宇宙飞船等等，类似的空间在现代社会中数不胜数。甚至那些依靠父母、不愿外出工作的"寄生单身族"，从精神层面看来，他们在家庭内部，也是处在为胶囊所包裹的状态中。

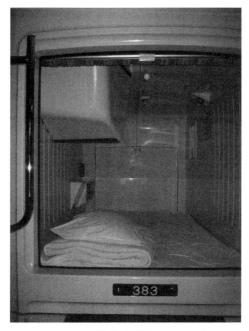

胶囊式酒店

有人认为，胶囊型的空间之所以为人们所钟爱，是因为人类抱有回到母亲子宫内部封闭空间的愿望。在胶囊空间的内部，由于有透明玻璃的遮挡，人们在物理和心理上都感觉受到了保护；同时又可以通过玻璃窥探外部的世界，这给人以轻松愉快的感受。从广义上来说，现代社会中存在着很多胶囊化现象，手机也是其中的象征之一。人们可以用手机短信进行交流，而不需要直接面对面地谈话，虚拟的世界在这时仿佛成为了现实，人们会陷入错觉的陷阱之中，反而不适应人与人之间的谈话，甚至催生自闭、尼特族①、社会交往障碍等现象，十分危险。这种现代社会中的病理现象，既

---

① 译者注：NEET（Not currently engaged in Employment，Education or Training），指一些不升学、不就业、不进修或参加就业辅导，终日无所事事的人。

可以将其命名为胶囊化，也可以说是窗户文化的一种变形。

2　窗的变形

隐形眼镜这种窗户

眼睛是人体的窗户，人们通过眼睛获得许多信息。因此，用于矫正视力的眼镜也与本书的"窗户"主题密切相关，同样值得探讨。

人们原本是通过眼睛直接认识对象物体，但由于老花、近视等其他原因，眼睛无法完全发挥其功能，因此眼镜被用作矫正人们视力的辅助工具。大约在13世纪左右，在意大利的威尼斯，人们开始生产远视镜，使用的材料是用玻璃加工而成的凸透镜。最初的难题是如何将眼镜固定在脸上。一开始，人们将眼镜架在鼻梁上使用。到了16世纪，出现了近视者用的凹透镜，这时用两耳固定眼镜的方法才最终确定下来。

透镜发挥着光学仪器中窗户的作用，对近代文明的发展做出了很大的贡献。透镜在其发展过程中，演化出了显微镜和望远镜。而带有取景框的照相机同样也用人工方式复制了眼睛的功能。英国学者菲利普·史蒂曼教授认为，17世纪荷兰的风俗画家弗美尔利用照相机的原型暗箱来描绘图画的轮廓，他的光影艺术可以说和光学器械的发展有着密切的关系。

阿姆斯特丹的马拉诺人（被迫改信基督教的犹太人）、哲学家斯宾诺莎磨镜片的故事想必为很多人所知。传说他是为了维持生计才不得不从事这样的工作。而事实上，由于磨镜片是制作显微镜的必要工序，斯宾诺莎利用磨出的镜片来开展哲学、自然科学研究。这个故事也证明了镜片与斯宾诺莎的泛神论哲学之间有着紧密的联系。

镜片中的凸透镜具有放大被观察物的作用，这是显微镜工作的基本原理。探究微观的世界，也是窗户变形后的功能之一。1590年，荷兰的萨卡瑞斯·杨森父子，通过发明独特的透镜成功地制造出了显微镜。这个发明对于当时的自然科学家来说，是一件激动人心的大事，从此人们开始着迷于通过显微镜展现于眼前的微观世界。17世纪50年代之后，显微镜被大量制作出来，并使用

「窗」的思想史

到科学研究中,英格尔哈德·威格尔在《近代的小工具》一书中,描述了近代人们热衷于使用显微镜进行科学研究的情景。

　　路易十四的御医皮埃尔·波莱尔集合了当时社会对小生物的研究,出版了《显微镜下的观察》(1656 年)一书。而英国的罗伯特·胡克在《显微术》(1665 年)中通过显微镜观察生物画出了图解,具有划时代的意义。荷兰代尔夫的安东尼·范·列文虎克的观察记录(未发表)也是尖端的研究成果,当时的显微镜最高有 270倍,1.4 微米的解像能力,几乎可以与现在的显微镜媲美。

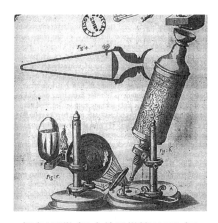

胡克《显微术》中的显微镜(**1665 年**)
(**Macfarlane**, *Well aus Glas*.)

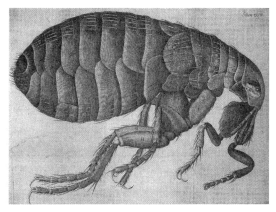

《显微术》中跳蚤的扩大写生

上页的下图与此前的裸眼观察图不同，它们开辟了人类向未知的微观世界进军的道路。同时，也大大促进了医学、精密科学等领域的发展。尤其是列文虎克，他借助显微镜，发现了人类的精子，但也因此与教会之间发生了冲突，他辩解称"我研究中所用的精子并非来自于手淫，而是从性交后残留的精液中获得的。"列文虎克担心教会会因为禁止手淫而对自己发起责难，他大概同伽利略一样，被卷入到了近代自然科学与教会宗教伦理之间的矛盾与争斗之中。

巨型化的眼睛

据称荷兰的一家眼镜店的主人汉斯·利伯希在 1608 年发明了望远镜。也有人坚持是意大利科学家伽利略发明了望远镜，但这种说法现在已经被明确否定了。在当时，望远镜可以将远处的对象放大至好像在眼前一般，是一项具有划时代意义的发明。最初开始关注望远镜的是喜爱收藏珍品的玩家们，随后天文学家和航海家也开始重视望远镜的实用性。因为对于航海家们来说，望远镜是帮助他们在航行途中观察远方的工具，十分实用，因此航海家将其视若珍宝。

伽利略被认为最早认识到了望远镜这项发明的重要性，他潜心研究了其原理，并在 1609 年自主制造出了一台望远镜。如人们所知，伽利略利用望远镜观察月球和地球的行星，并发表了《星际使者》（1610 年）一书。这本书不仅在欧洲，甚至在遥远的中国都引起了巨大的轰动。在此之后，伽利略支持日心说，他与教会对抗的事迹也广为人知。伽利略快要遭到教廷审判的时候，在 1633 年为了自身的安全，被迫放弃了对"日心说"的支持。然而，正是伽利略及众多自然科学先行者的观察结果，使得宣扬太阳和宇宙围绕地球转动的基督教地心说逐渐走向瓦解。

在文艺复兴时代，中世纪拥有绝对权威的基督教对于社会的约束力逐渐减弱，开始从神学中心向近代以人类为中心的"泛知性主义"转换。在这个过程中，自然科学、政治、宗教、哲学和民俗学的领域都诞生了新的"智慧"。其中还包括被罗马天主教廷认定为"异端思想"的炼金术、魔术、占星术等等。这些"异端思想"甚至成为了当时文化的核心。

特别是占星术对于基督教来说十分棘手。占星术认为万物的命运都在黄道十二宫的支配下运行,这严重违背了将神绝对化的基督教教义。然而,由于占星术在当时很受人们欢迎,教会无法单方面下令禁止。于是,人们将占卜的根源看做是神的意志,从而缓和了基督教与占星术之间的对立关系。

在向近代过渡的时期,显微镜和望远镜以科学的方式揭露了非科学的宗教及其神秘世界的真相。在文艺复兴运动蓬勃发展的国家意大利和荷兰,这些科学仪器被发明出来后,人们开始预感到新时代即将开始。文艺复兴运动所开创的"人文主义"时代中,知识分子对自然科学领域的关注是具有深刻意义的。

从以上事例我们可以得知,透镜代替眼睛,其放大或缩小的技术,为在欧洲诞生的实证性的自然科学研究做出了巨大的贡献。当时,欧洲弥漫着炼金术、占星术、搜捕女巫等非理性主义的浓雾,而冲破浓雾的是以意荷法意德为中心发展起来的近代科学实证主义。这些科学的发明促进了 17 世纪之后欧洲近代科学的进步,构建起欧洲文明的"黄金时代"。

3 电影媒体和窗

银幕这种窗户

人们在室内可以通过透明的窗户或开放的窗户观察到室外人们的行动、天空的变化、自然的变幻、季节的变迁。窗外的景象如同一幅画,有时这样的画面也会移动。从这个意义上来说,窗户也是映射外界的一种银幕。画家描绘自己喜爱的对象,并将这一瞬间永远定格在画布上。将这些画装饰在房间里,就好比开启了另一扇窗户,人们欣赏画作与眺望窗外风景实际上是很类似的。就如画展上的绘画营造出了一种空间,令前来观赏的人们能够产生相同的联想一样。

电影这种新媒体,让窗户外的风景依照画面的变化和移动,因此也可以解释为窗户文化的另一种变形。当然,电影并不是固定的影像,它具有连续变化的特征。现在人们普遍认为电影的发明者是美国的发明家爱迪生（他于 1889 年发明了通过小孔观看的活动电影放映机）和法国的卢米埃兄弟（他们于 1895 年发明了可以摄影和放映的电影机）。但由于电影机与现代电影形式联系最紧密，所以卢米埃兄弟通常被公认为是电影的发明者。

Le cinématographe Lumière: projection.

用电影机放电影，可以看出是靠手动

　　一般来说，电影与绘画和照片相比更具有故事性、娱乐性和社会性，也更能激发人们的兴趣。电影作为一种新媒体，在 20 世纪初，吸引了众多观众走进电影院，形成了一股观影文化。不仅在欧美，日本也受到这种文化的影响，从 1897 年（明治三十年）电影首次上映以来，到经济高度增长期初期的 1960 年代为止，都是电影发展的全盛时期。在这之后，电视作为电影的变形与补充，于 1953 年开始播放节目，短时间之内即成为 20 世纪后期最大的影像媒体。

银幕投影型电影

在此前介绍的"超级扁平概念"中，所提到的 1999 年于东京涩谷区落成的建筑物 Q-Front，其表面的玻璃既是窗户也是银幕。这座建筑物上装有高 23.5 米，宽 19 米的巨大放映装置，窗户就被赋予了屏幕的新功能。建筑物凭借窗户银幕化这一全新概念，开始传达自身的思想。

以上的影像媒体，与窗户的功能一起不断进化，不仅改变了娱乐、信息收集、交流等形式，也改变了人们的生活方式。电影、电视等媒体是单方面发出信息的装置，观众虽然可以选择节目，但总体来说还是被动的。从主体性这一点上看来，节目的制作者、发出信息的一方掌握着主动权。但近年来，手机、网络快速普及，它们都具备了接受信息和发出信息的双向功能，具有能动性的特点。由于顺应了现代人的需要，这些新发明在全球呈现出爆炸式的增长。

从总体上来看，从 19 世纪建筑物上固定的窗户，演化出交通工具上移动的窗户，进一步产生了可以放映影像的窗户。窗户随着时代的变迁也在不断变化着。接下来，本书要探讨的就是后者"影像放映"窗户中的代表互联网。

Windows 和全球化

1985 年上市的 windows 操作系统，如其英文名所示，是微软公司的一扇"窗户"。现在，windows 操作系统已经占据了个人电脑市场约 90％的份额,可以说它是全球化进程中的主角。互联网的界面象征着它世界之窗的作用,从这个意义上来说,也可以认为互联网是窗户的一种变形。

讽刺漫画家 W.巴斯凯曾经画过这样一幅漫画,一个人打开窗户,窗外漂浮着的是装有 window 操作系统的一台电脑。因特网通过实现世界各地人们之间的实时交流,创造出了能够瞬间获得信息的时代。现在使用因特网的费用也非常低廉,不论在何时,都可以通过电脑画面让人们达成自己的目的。尽管如此,因特网其实仍只是"飘浮在空中的"虚拟的存在。因特网这种媒体,既有优点也有缺点。其优点是,因特网瓦解了诞生于"资本理论"的"垂直文化",而带来了"水平化"这一新的特征。在全球快速扩张的因特网,如同阿米巴虫般不断增殖,最终催生了权力和高压政策无法制服的"平等性"。相关人士已经多次指出,最近发生在世界各地的反政府游行、政变等,因特网在其中起到的催化作用是不容小觑的。

Windows 的漫画
(Selbmann,*Eink Kulturgeschchite des Fensters.*)

媒体发送信息的特点使其逐渐跨越了文明和落后、富裕和贫穷、种族、国籍、性别、年龄、地域之间的差别。正如第九章中所说明的,因特网成为促使现代社会从"垂直性"向"水平性"转变的有力的工具。人们有望利用因特网,完成对新文化的创造。

另一方面,以"资本逻辑"为原则的企业,为了追求利益,也在最大限度地利用因特网。从不同角度来看,这既是优点也是缺点。因特网对经济活动产生了巨大的影响,在信息收集和信息发送方面,都成为企业不可或缺的战略工具。在商品销售方面,依靠因特网强大的宣传力量,可以刺激顾客们的欲望,从而大幅提升利润。但是对于支配因特网的一方来说,它们也可以通过控制网络达到操纵社会舆论的目的。而使用英语作为通用语言,也极有可能会带来一极集中化的英语至上主义。其结果或许会导致出现更加顽固的"垂直性"社会。

由此可见,因特网如同一把双刃剑,分辨出强者使用和弱者使用的意义之差别是十分重要的。在充分理解以上矛盾的两面性之后,我们应该努力找出正确使用因特网的有效方法。

日本人"便携化"的能力

与前面说到的窗户的隐喻不同,窗户还有一种变形,这就是"便携化"。便携化这个词象征着的小体积商品群,具体的例子有手表、照相机、手机、电子词典、电子笔记本、计算机、便携式音响、便携式电脑等等。这些物品中,大部分都装置了玻璃屏或液晶屏,屏幕像一层膜将人的"观看动作"与便携化的机器分隔开来,因此屏幕也成了便携设备发挥功能的必不可少的条件(听的过程在此为例外)。拥有多种功能的窗户也确实在文化的发展历程中占有了一席之地。那么,便携化为何得以迅速普及呢? 现代人们需要获得大量的信息,同时也需要尽早处理,在这个速度化的时代里,人们看重的是能够及时处理信息的便利性。

以前面提到的"将时间便携化"的手表为例,来谈谈这个问题或许比较容易理解。中世纪,人们通过钟楼的钟声知晓时间,后来出现了报时的钟塔;资产阶级革命后,指示时间的时钟普及到各个家庭中,报时的方式从此不再只局限于固定式的时钟。19 世纪初,人们发明出了便携式机器的典型范例手表。这就是拥有某些固定的功能的现代小型化机器所经历的便携化的变革。

手表的表盘上覆盖着玻璃外壳,根据其动力来源的不同,从最初的手上弦式逐渐进化,分别经历了自动上弦式、电池式、光波式等阶段。在瑞士和德国南部的山区,出现了家庭手工业式的钟表生产行业,制造出了世界闻名的精良产品。这些地方的耕地面积与日本一样稀少,生活在此处的人们从近代开始,生产出了极具创意的手工产品,并在此基础上发展起了精密产业。日本从明治时代以后,学习到了外国的钟表制造技术,并不断改良,最终在技术水平上赶超了欧洲各国。日本钟表技术的发展之快可以说有目共睹,1969年开发出的石英钟更成为一股风潮,席卷全球,至今仍是一种美谈。

记录现实中影像的照相机同样也可以看做是窗户的变形之一。这种道具将某个场面或物体的一瞬间记录下来,也是一种"实体的便携化"。带镜头的照相机的发明者是法国人达盖尔(1839年),他被称作是照相机之父。这种在碘化银的感光纸上成像的方式是现代照相技术的重要组成部分。

初期的箱型照相机是固定式的,箱体上有取景器和镜头,并装有小窗。摄影者可以通过取景器将拍摄对象"取"进视野中,但早期照相机的曝光时间大约需要十几分钟。后来又出现了摄像机,它不局限于照相这种固定化的摄影方式,能够连续拍摄影像,这就是"实体便携化"向"时间便携化"的转变。之后,科学家又发明出了超小型的胶囊照相机,此种照相机被患者吞服之后可以在人体内进行摄影,而不会令患者感到任何痛苦。在便携式医疗器械的开发方面,日本的技术可以说是世界顶尖的。

手机是从固定电话发展而来的,电子词典、电子记事本等便携设备是从其固定化的原型书本演变而来的,而便携式电子音乐播放器(MP3)则是从收音机、录音机这样的固定装置变形而来的,那是声音的便携化。

如上所述,欧美文明一方面在追求更高、更大、更重的巨大化发展方向,建筑物也不例外;另一方面,欧美国家也拥有制造与巨大化相对立的小型便携设备的技术传统。尽管日本也拥有自主研发出的便携设备,不过与欧美国家类似设备的制造相比,总体来说起步较晚。但由于拥有制造小型、精细物品的传统,日本才有可能发挥这一独特的才能,生产出了拥有世界一流水准的产品。为什么会出现这种现象呢?

关于便携式文化的背景,可以借鉴韩国前文化部部长李御宁在其《"缩小"志向的日本人》一书中的见解。简单来说,日本人根据团扇发明了折扇,还发明出了折叠式屏风、日式盒饭便当等。在日本,折纸也是一种独立的文化。日本人还将这些缩小化的创意运用到精密仪器、电子产品等工业制品的生产上,其中包括台式电脑的开发、手机、电子词典、便携式电子音乐播放器等。在全世界引起轰动的人造探测卫星"隼鸟号"也是日本小型化技术的结晶。

缩小化的发展方向,乍一看似乎与俳句、盆栽、枯山水等日本的传统文化并无关系,但实际上那种缩小到极限、极端简练的思想,究其根本还是来源于日本的传统文化。这种思想扎根于日本人在狭窄国土上对于农田的利用,在集约型农业中对人力的充分使用,在整理狭小房间时的智慧,灵巧的手指以及创新的风气等传统之中,缩小化的思想从根本上来说是源自于日本这片土地上所孕育出的固有文化。这也就解释了为什么日本能够在便携式设备的生产制造上达到世界领先的水平。

后　记

　　本书中所论述的是"窗"这一主题。通过"窗"这一个很小的切入点，去窥视其背后所潜藏着的思想。由于笔者水平有限，姑且可将这本书看做是笔者"荒唐无稽"的一次尝试。不过，当笔者推开这扇窗户向外眺望时，确实可以看到一个又一个景象接踵而至，呈现在眼前。在日本和欧洲，窗户经历了完全不同的从古代到现代的发展历程，随着当今世界文化融合的快速推进，日本和欧洲的建筑风格、窗户样式也都受到国际化的影响，逐渐拥有了统一的标准，彼此之间相差无几。

　　现代是使用玻璃和钢铁的高层化时代，而比较日本和欧洲的文化内核，从本质上来说两者的确是完全不同的。如前文所述，这个不同概括起来说就是欧洲的"垂直化"和日本的"水平化"。在历史沉积的漫长过程中，"垂直化"占据了欧洲建筑史的中轴位置。

　　德国的科隆大教堂，虽然也曾一度停工，但到全部建成为止，前后竟历时长达600多年。欧洲的其他大教堂无一不是经历了漫长的岁月，耗费了大量的劳力才建成的。每所教堂都是由一块一块石头堆砌累积而来的。因此，大多数教堂的建设都要经历两代人的时间，是每一代工匠不断辛苦努力的成果。

　　欧洲历史遵循以基督诞生为原点的西洋历法而展开，将历史依照西洋历法来记录象征着历史积累的连续性。同时，大教堂的建筑方法建筑材料如石头、玻璃等所象征的永久性也与这种连续性相一致。

　　另一方面，日本旧时的建筑多使用木材和纸等材料，缺乏连续性和永久性的理念,重新建造或重新更换隔扇才是其在建造过程中所遵循的原则。天皇即位时根据祥瑞吉兆、灾祸异象等更改年号,这种不断"归零"的做法,代表了日本"水平化"的思想。前文中曾提到,日本的伊势神宫具有"迁宫"的惯例,每过 20 年就要重新建造一次。日本经常发生地震、台风等自然灾害的特殊地理环境应该是此种文化产生的根源之一。这与欧洲西洋历法的连续性和石头所象征的永久性文化形成了鲜明对比。

从合理性上来说,西洋历法有其优点,它可以使人们感受到历史是连绵不断向前延伸的。关于德国的战争责任,其原总统里夏德·冯·魏茨泽克曾说过:"如果对于过去闭目塞听,那么在面对现在时我们也只能是盲目的",这就是一种基于连续性历史观的主张。然而对于日本来说,人们赖以生存的根本——住宅在不断重建,纸质隔扇也在不断更换,这种旧时岁月"随流水远去"的思考方式,也导致了日本社会普遍不愿承担过去战争的责任。

这里似乎可以得出结论,即欧美的世界观更胜一筹,然而实际上,欧美的世界观也具有缺点。垂直方向性容易引起人们与自然的分离、导致房屋内各层、各房间的隔断现象,从而破坏共同体之间的连带关系,进而引发人类之间的孤立。《圣经旧约》中巴比塔的故事就已经给予人们启示,面对"高层化""巨大化","神"将会降下它的铁锤砸毁这一切。由此可以联想到 20 世纪泰坦尼克号的沉没、德国巨型飞船兴登堡号的焚毁、波音 747 飞机的坠毁、21 世纪的"9.11"恐怖袭击事件、广岛长崎原子弹爆炸、苏联切尔诺贝里核电站核泄漏事故、美国三哩岛核泄漏事故、日本福岛核电站泄漏事故等等。与以上事件代表的巨型化、高层化、科学化并存的是现代文明的崩溃。这些事例为人们永不满足的欲望敲响了警钟。

拥有最高权力的人是时代的霸者,他们大多会建造大型高层建筑来夸耀自己的力量,这已经成为了一个定则,可以看做是力量思想的形象化。这个定则不仅仅适用于国家、权力机构、大型企业,对于个体来说,那些通过自己的努力积累了财富的人们,也一定会兴建豪华的宅邸。这种永无止境、难以满足的欲望,或许就是人类的宿业吧。

为了抑制由"资本逻辑"带来的"窗户增殖现象",本书提出了其逆命题——日本的关键词"水平方向性"。现在,世界各地不断发展的因特网即具有"水平性"的特征。尽管如此,也有人认为,将"水平性"与日本建筑中纸拉门窗沿水平方向开关这一传统直接联系起来,不过是无稽之谈。因特网、智能手机的确在某种程度上具有助长"资本理论""垂直化"的一面。但它们也具有遏制"垂直化"的作用,可以看做是一把双刃剑。我们更加期待的是这柄剑能够发挥其第二种作用。这种遏制作用是成功了还是失败了,读者们应该都会有自己的判断。

　　笔者从很早之前就开始构思本书,2010 年夏天,为了实地确认窗的文化,还周游了欧洲各地,得到了很多启示,收获颇丰。旅行途中,同仁柏木治教授引领笔者游览了意大利的许多名胜古迹,在此对他深表感谢。承蒙柏木治教授的指教,笔者才得以知晓古都拉韦纳圣庙的玻璃是由大理石碎片构成的。另外,在本书即将出版之际,筑摩书房第二编辑室的北村善洋先生也对本书给予了大力支持。本书得以面世,笔者深感荣幸。最后,向各位致以衷心的感谢。

浜本隆志

2011 年 8 月

参考文献

青木正夫等:《中廊下的住宅》,住房图书馆出版社,2009 年。

赤松启介:《私通的民俗学》,明石书店,1994 年。

尼基、亚当斯著,田中敦子译:《玻璃房子》,Gaia 书籍,2010 年。

M.R.亚历山大著,池井望译:《塔的思想》,河出书房新社,1972 年。

五十岚太郎:《关于现代建筑的 16 章》,讲谈社,2007 年。

五十岚太郎:《近代的诸神与建筑》,文艺春秋,2006 年。

井上章一:《梦雨魅惑的极权主义》,文艺春秋,2006 年。

今西一:《妓女的社会史》,有志社,2007 年。

岩井宏实:《女人的力量——灵力、才智、能耐》,法政大学出版社,
　　2009 年。

英格尔哈德·威格尔著,三岛宪一译:《近代的小工具》,青土社,
　　1990 年。

上田笃编:《五重塔为什么不倒?》,新潮社,2005 年。

巴巴拉·沃尔克著,山下主一郎等译:《神话传说词典》,大修馆书
　　店,1990 年。

马杉宗夫:《大教堂的宇宙论》,讲谈社,1992 年。

米尔恰·伊利亚德著,久米博译:《神圣的空间与时间》,赛利卡书
　　房,1990 年。

大桥良介:《日本式事物、欧洲式事物》,新潮社,1992 年。

萩野昌利:《视野的历史》,世界思想社,2004 年。

冈仓觉三著,村冈博译:《茶之本》,岩波书店,2005 年。

柏木博:《隔板的文化论》,讲谈社,2004 年。

加藤秀俊:《习俗的社会学》,PHP 研究所,1978 年。

桦山紘一编:《都市的文化》,有斐阁,1984 年。

北河大次郎:《近代都市巴黎的诞生》,河出书房新社,2010 年。

久米邦武等:《欧美周游实记》1~5,岩波书店,1977~1982 年。

神代雄一郎:《间,日本建筑的创意》,鹿岛出版社,2003 年。

黑川纪章:《新版 共生的思想》,德间书店,2005 年。

黑川高明:《玻璃的文明史》,春风社,2009 年。

弗雷德里克·赛兹著,松本荣寿等译:《埃菲尔塔的故事》,玉川大学出版部,2002 年。

酒井健:《何谓哥特式?》讲谈社,2000 年。

W.施菲尔布施著,小川作江译:《光与影的戏剧论》,法政大学出版局,2002 年。

篠田知和基:《欧式——螺旋的文化史》,八坂书房,2010 年。

岛之夫:《欧洲的风土与住房》,古今书院,1979 年。

白井晟一:《白井晟一谈建筑》,中央公论社,2011 年。

白井晟一:《无窗》,晶文社,2010 年。

阵内秀信等:《图说西洋建筑史》,彰国社,2007 年。

甚野尚志:《隐喻中的中世纪》,弘文堂,1992 年。

新村出编:《广辞苑》,岩波书店,2008 年。

迪耶·斯迪克著,植野纠译:《新世纪末都市》,鹿岛出版社,1994 年。

迪耶·斯迪克著,五十岚太郎编译:《巨大建筑的欲望》,纪伊国屋书店,2007 年。

铃木博之:《日本的近代 10 都市》,中央公论新社,1999 年。

菲利普·斯特德曼著,铃木光太郎译:《弗美尔的相机》,新曜社,2011 年。

日本圣经协会译:《圣经》,日本圣经协会,2008 年。

外尾悦郎:《高迪的遗言》,光文社,2009 年。

雅克·索雷著,西川长夫译:《性爱的社会史》,人文书院,1985 年。

谷崎润一郎著:《荫翳礼赞》,中央公论社,1995 年。

段义孚著,阿部一译:《个人空间的诞生》,赛利卡书房,1993 年。

中泽新一:《绿色的资本论》,集英社,2005 年。

「窗」的思想史

保罗·尼科洛索著,桑木野幸司译:《建筑家墨索里尼——独裁者梦想中的法西斯城市》,白水社,2010 年。

日本建筑学会编:《空间要素》,井上书院,2003 年。

丹下敏明:《高迪的生涯》,彰国社,2000 年。

滨本隆志:《从钥匙孔看欧洲》,中央公论社,1996 年。

滨本隆志:《物所讲述的德国精神》,新潮社,2005 年。

滨本隆志:《纹章所讲述的欧洲史》,白水社,2003 年.

原克:《流线型症候群》,纪伊国屋书店,2008 年。

阿道夫·希特勒著,平野一郎等译:《我的奋斗》上下,角川书店,1973 年。

藤森照幸:《建筑是什么? 藤森照幸语录》,X 知识,2011 年。

藤森照幸:《天下无双的建筑学入门》,筑摩书房,2004 年。

让-路易·弗兰德林著,宫原信译:《性的历史》,藤原书店,1992 年。

保罗·弗里肖尔著,关楠生译:《世界风俗史》,河出书房新社,1983 年。

路易斯·弗洛伊斯著,冈田章雄译:《欧洲文化与日本文化》,岩波书店,1996 年。

路易斯·弗洛伊斯著,松田毅一等译:《弗洛伊斯日本史 5》,中央公论社,1987 年。

奥古斯丁·伯格著,篠田胜英译:《风土的日本》,筑摩书房,2008 年。

奥古斯丁·伯格著,宫原信译:《空间的日本文化》,筑摩书房,2003 年。

瓦尔特·本杰明著,今村仁司等译:《谈步行街》,岩波书店,1993 年。

保坂阳一郎:《空间的布置　窗》,彰国社,1984 年。

松冈正刚:《闲寂、风雅、余白——艺术中隐藏的想象力》,春秋社,2009 年。

三谷康之:《英国"窗"的词典》,日外协会,2007 年。

南川三治郎摄影撰文:《围绕拉利克的法国之旅》,小学馆,2009 年。

宫元健次:《桂离宫:布鲁诺·陶特的证言》,鹿岛出版会,1995 年。

宫元健次:《月亮与日本建筑》,光文社,2003 年。

武者小路穰:《隔扇》,法政大学出版局,2002 年。

E.S.莫尔斯著,斋藤正二等译:《日本人的住房》,八坂书房,
　　2004 年。

李御宁:《"缩小"志向的日本人》,学生社,1984 年。

李御宁:《从"包袱"看日韩文化》,学生社,2004 年。

克洛德·列维·施特劳斯著,川田顺造等译:《克洛德·列维·施
　　特劳斯讲义》,平凡社,2007 年。

克洛德·列维·施特劳斯著,川田顺造译:《忧郁的热带》,中央公
　　论新社,2001 年。

托马斯·凡·列文著,三宅理一等译:《摩天大楼与美国的欲望》,
　　工作舍,2006 年。

吉田光邦编:《图说世博会》,思文阁,2004 年。

吉见俊哉:《世博会的政治学》,中央公论社,2000 年。

山田进一主编:《窗的故事》,鹿岛出版会,1997 年。

和辻哲郎:《风土》,岩波书店,1967 年。

Albrecht, P., *Die Geschichte des Handwerkers*, Edition XXL,
　　Crumbach 2004.

Ariès, P. u. a. [Hrsg.], *Geschichte des privaten Lebens*, Bd. 2, Bd. 4,
　　übersezt von Fliessbach, H. u. a., S. Fischer, Frankfurt am
　　Main 1990, 1992.

Bänziger, H., *Schloβ-Haus-Bau*, Franke Verlag, München 1983.

Benz, W., *Geschichte des dirtten Reiches*, C. H. Beck,
　　München 2000.

Berents. C., *Art Déco in Deutschland*, Anabas-Verlag, Frankfurt
　　am Main 1998.

Binding, G., *Baubetrieb im Mittelalter*, Wissenschaftliche Buchge-
　　sellschaft, Darmstadt 1993.

Brandstätter, C. u. a. [Hrsg.], *Tore*, *Fenster*, *Giebel*, Christian
　　Brandstätter Verlag, Wien 1990.

Brüder Grimm, *Kinder und Hausmärchen*, Reclam, Frankfurt am
　　Main 1980.

「窗」的思想史

Brunner, K. u. a., *Ritter, Knappen, Edelfrauen*, Koment, Wien 2002.

Büchner, G., *Georg Büchner Werke und Briefe*, Hanser, München 1980.

Coloni, M.-J., *Im Herzen der Cité Die Lebendige Kathedrale*, Konradin Druck, Leinfelden-Echterdingen 1995.

Dirlmeier, U. [Hrsg.], *Geschichte des Wohnens*, Wüstenrot Stiftung, Stuttgart, 1998.

Duby, G., Die *Kunst des Mittelalters*, Bd. 2, übersezt Von Hemmerich, K. G., KlettCotta, Genf 1996.

Dülmen. R. v., *Kultur und Alltay in der Friühen Neuzeit*, C. H. Beck, München 1990.

Dunk, T. S.. v., *Das deutsche Denkmal*, Böhlau Verlag, Köln 1999.

Fabrique de la cathédrale [Ed.], *Das Münster unserer lieben Frau zu Strassburg*, übersezt von M.P.Ehrminger, Lyon 2005.

Fest, J. u. a., *Hitler Gesichter eines Diktators*, Herbig, München 2005.

Flyun, M., *Hindenburg und die große Zeit der Luftschiffe*, Condrom Verlag, Bindlach 1999.

Preitag, G., *Bilder aus der deutschen Vergangenheit*, Bd. 1, Bertelsmann Lexikon Verlag, Gütersloh 1998.

Fuchs, E., *Illustrierte Sittengeschichte*, Bd. 3, Fischer, Frankfurt am Main 1985.

Glaser, H. u. a., *Die Post in ihrer Zeit*, Decker, Heidelberg 1990.

Geist, J. F. u. a., *Das Berliner Miethaus 1740 – 1862*, Prestel, München 1980.

Gympel, J., *Geschichte der Architektur von der Antike bis heute*, Könemann, Bonn 2005.

Hekma, G., *A cultural history of sexuality in the modern age*, Berg, New York 2011.

Hüter, K. H., *Das Hauhaus in Weimar*, Akademie Verlag,

Berlin 1976.

Kramer, K., *Die Glocke Eine Kulturgeschichte*, Mattias Grünewald Verlag, Kevelaer 2007.

Landesmuseum Joanneum [Hrsg.], *Welt aus Eisen*, Springer, Wien 1998.

Leonhard, W., *Das grosse Buch der Wappenkunst*, Bechtermünz, München 1978.

Lippert, H. G., *Das haus in der Stadt und das Haus im Hause*, Deutscher Kumstverlag, München 1992.

Macfarlane. A.u.a., *Welt aus Glas*, Classsen, München 2002.

Markus. T. A., *Buildings & power*, Routledge, London 1993.

Merian, M., *Die schönsten Schlösser Burgen und Gärten*, Hoffmann und Gampe, Hamburg 1965.

Moore, G., *Fenster geschtalten*, Moewig Verlag, Hamburg 2008.

Neubecker, O., *Wappenkunde*, Luzern 1988.

Osterhausen, F. v., *Das grosse Uhren Lexikon*, Heel Verlag, Königswinter 2005.

Reinoβ, H., *Zeugen unserer Vergangenheit*, Bertelmann Reinhard Mohn, Gütersloh 1977.

Rödel, V., *Der Hauptbahnhof zu Frankfurt am Main*, Theiss, Stuttgart 2006.

Scherr, E., *Deutsche Kultur und Sittengeschichte* Bd.1, Verlag Johannes Knoblauch,Berlin 1925.

Schilling, M., *Glocken*, C. H. Beck, Hünchen 1988.

Selbmann, R., *Eine Kulturgeschichte des Fensters von der Antike bis zur Moderne*, Reimer, Berlin 2010.

Stadler, W. [Gesamtleitung], *lexikon der Kunst*, Bd. 1 – 12, Dörfler, Egoglsheim 1987.

Watkin, D., *A History of Western Architecture*, Laurence King, London 2005.

Werner, B.u.a., *Steine für den Kölner Dom*, Verlag Kölner Dom, köln 2004.

Wickert，U.，*Alles über Paris*，Heyne Taschenbuch，München 2006.

Wingler，H. M.，*Das Bauhaus*：1919－1933：*Weimar，Dessau，Berlin und die Nachfolge in Chicago seit* 1937，Dumont Buchverlag，Köln 2005.

Wüsten，S. u. a.，*Mode und Wohnen*，Edition Leipzig，Leipzig 1993.

Zierer，O.，*Kultur und Sittenspiegel*，Bd. 3，Fackelverlag Olten，Stuttgart 1970.

未表明出处的图片均引自维基百科等。

译者后记

本书由彭曦、顾长江、李心悦共同翻译。具体分工如下：

彭曦：第一～三章、前言、参考文献并统稿

顾长江：第四～七章

李心悦：第八～十章、后记

不当之处，恳请读者批评指正。

译者代表　彭　曦

2013 年丹桂飘香时节于宝华山麓

「窗」的思想史